“一带一路”气象服务保障

主　编　王志强　张洪广

气象出版社
China Meteorological Press

内容简介

本书分析了“一带一路”国家和地区天气气候情况以及气候风险，为“一带一路”建设者决策提供了参考依据；分析研究了“一带一路”国家和地区现行气象服务能力和水平，以及“一带一路”气象服务保障建设合作进展；在共商共建共享原则下，提出了“一带一路”气象服务保障建设愿景。本书可供参与“一带一路”的建设决策者、气象服务参与者、自然灾害风险研究者和关注“一带一路”沿线天气气候人士阅读参考。

图书在版编目(CIP)数据

“一带一路”气象服务保障 / 王志强，张洪广主编. — 北京：气象出版社，2019.8
ISBN 978-7-5029-6957-8

Ⅰ.①一… Ⅱ.①王… ②张… Ⅲ.①气象服务-国际合作-研究-中国 Ⅳ.①P451

中国版本图书馆 CIP 数据核字(2019)第 077276 号

出版发行：气象出版社
地　　址：北京市海淀区中关村南大街 46 号　　**邮政编码**：100081
电　　话：010-68407112(总编室)　010-68408042(发行部)
网　　址：http://www.qxcbs.com　　**E-mail**：qxcbs@cma.gov.cn
责任编辑：王萃萃　　**终　　审**：吴晓鹏
责任校对：王丽梅　　**责任技编**：赵相宁
封面设计：博雅思企划
印　　刷：北京中石油彩色印刷有限责任公司
开　　本：710 mm×1000 mm　1/16　　**印　　张**：12.125
字　　数：260 千字
版　　次：2019 年 8 月第 1 版　　**印　　次**：2019 年 8 月第 1 次印刷
定　　价：75.00 元

《“一带一路”气象服务保障》
编写组

主　　编： 王志强　张洪广

编写人员（按姓氏笔划排序）：

王淞秋　孔　锋　吕丽莉　朱玉洁
李　博　辛　源　张笑羽　陈鹏飞
林　霖　贺洁颖　唐　伟　龚江丽

统　　稿： 姜海如　肖　芳　吕丽莉　陈鹏飞

前 言

进入新时代，传承和弘扬“和平合作、开放包容、互学互鉴、互利共赢”的丝绸之路精神，积极发展与“一带一路”沿线国家和地区的经济合作伙伴关系，共同打造政治互信、经济融合、文化包容的利益共同体、命运共同体和责任共同体，是我国新一轮全方位开放的战略重点，为沿线各国和地区共商开放、共同建设和共享发展创造了的新机遇和新动力，也为“一带一路”沿线国家和地区气象科技合作创造了新机遇。

为贯彻落实《推动共建丝绸之路经济带和21世纪海上丝绸之路的愿景与行动》，促进“一带一路”沿线国家和地区在气象领域的交流与合作，充分发挥气象在推进“一带一路”建设中的重要支撑保障作用，2015年以来，中国气象局发展研究中心围绕“一带一路”气象服务保障建设，先后组织开展了“21世纪‘海上丝绸之路’气象服务保障行动计划研究”“丝绸之路气象服务保障行动计划研究”“我国气象全球战略研究”“‘一带一路’自然灾害风险及其应对研究”“南海地区自然灾害风险防范的国家战略研究”“编制气象‘一带一路’发展规划研究”等项目。这些研究项目成果，有的通过了结题验收，有的提供了咨询报告为决策机构参考，有的直接被所制定的规划和行动方案采纳。为使这些气象软科学研究成果更好地发挥效益，中国气象局发展研究中心对所形成的研究成果进行了系统整理，并将其中部分成果整理出版，以供大家借鉴参考。

本书由王志强、张洪广主编，由姜海如、肖芳、吕丽莉、陈鹏飞统稿。本书主要撰稿人有孔锋、吕丽莉、陈鹏飞、朱玉洁、辛源、林霖、李博、唐伟、龚江丽、张笑羽、王淞秋、贺洁颖等。在编写过程中参考引用了王志强主持的中国气象局气候变化专项“‘一带一路’气候灾害风险及气象部门战略政策研究”，孙健、廖军主持的“一带一路”气象服务战略研究、王志强主持的气象保障国家重大战略研究相关成果，引用了中国气象局气象“一带一路”发展规划及相关方案，参阅了大量文献资料，大部分引用文献在本书结尾作了标注，但由于所涉及的文献资料较多，部分参考资料未在标注中全列，本书出版得到气象出版社的大力支持，在此一并表示衷心感谢！

本书编写过程中，编者虽倾注了许多精力，但由于“一带一路”气象服务保障建设涉及的内容十分广泛，有些工作已经实施，本书内容多为边研究、边实践、边总结形成的成果，一些研究还有待进一步深入，一些研究成果尚存在较大的不确定性，还需要在实践中不断丰富，书中难免有不当之处，恳请读者、专家和同仁指导赐教。

作者

2019 年 2 月

目　录

第一章 “一带一路”倡议概述

“一带一路”(The Belt and Road,缩写B&R)是“丝绸之路经济带”和“21世纪海上丝绸之路”的简称。它将充分依靠中国与有关国家既有的双多边机制,借助既有的、行之有效的区域合作平台,旨在借用古代丝绸之路的历史符号,高举和平发展的旗帜,积极发展与沿线国家的经济合作伙伴关系,共同打造政治互信、经济融合、文化包容的利益共同体、命运共同体和责任共同体。气象事业是服务和保障国家经济建设、国防建设、社会发展和人民生活的科技型基础性公益事业,在保障“一带一路”建设实施中有着十分重要的地位和作用。

一、“一带一路”倡议提出的背景

研究“一带一路”气象保障体系建设,首先需要了解“一带一路”倡议提出的时代背景和历史背景。

丝绸之路是指起始于古代中国,连接亚洲、非洲和欧洲的古代陆路商业贸易路线,最初的作用是运输中国古代出产的丝绸、瓷器等商品,后来成为东方与西方之间在经济、政治、文化等诸多方面进行交流的主要道路。海上丝绸之路,是指古代中国与世界其他地区进行经济文化交流交往的海上通道,最早开辟于秦汉时期。该通道从广州、泉州、杭州、扬州等沿海城市出发,抵达南洋和阿拉伯海,甚至远达非洲东海岸。

进入21世纪以来,面对复苏乏力的全球经济形势,纷繁复杂的国际和地区局面,中国倡导了以传承和弘扬“和平合作、开放包容、互学互鉴、互利共赢”的丝绸之路精神,积极发展与“一带一路”沿线国家的经济合作伙伴关系,为沿线各国共享开放、共享市场和共同发展带来前所未有的新机遇和新动力。

(一)时代背景

当今世界正在发生复杂深刻的变化,国际金融危机深层次影响继续显现,世界经济复苏缓慢、发展分化,国际投资贸易格局和多边投资贸易规则酝酿深刻调整。由于整个世界正处在大发展大变革大调整之中,世界多极化,经济全球化、社会信息化、文化多样化深入发展,各国面临的发展问题依然严峻。

共建“一带一路”客观地顺应全球发展的时代潮流,秉持开放的区域合作精神,致力于维护全球自由贸易体系和开放型世界经济。共建“一带一路”旨在促进经济要素有序自由流动、资源高效配置和市场深度融合，推动沿线各国实现经济政策协调，开展更大范围、更高水平、更深层次的区域合作，共同打造开放、包容、均衡、普惠的区域经济合作架构。共建“一带一路”符合国际社会的根本利益，彰显人类社会共同理想和美好追求，是国际合作以及全球治理新模式的积极探索，将为世界和平发展增添新的正能量。

1. 国际时代背景

当今世界正处在大发展大变革大调整之中。2008 年国际金融危机爆发以来，全球经济受到重创，普遍增长动力不足，贸易和投资持续低迷；经济全球化遇到波折，贸易保护主义抬头，民粹主义盛行；地区热点不断动荡发酵，恐怖主义蔓延肆虐；发展不平衡问题十分突出，贫富悬殊、南北差距扩大问题依然严重，贫困及其衍生的饥饿、疾病、社会冲突等一系列难题困扰着许多发展中国家。由于全球增长动能不足、发展失衡、经济治理滞后三大矛盾远没有得到解决。和平赤字、发展赤字、治理赤字，成为摆在全人类面前的严峻挑战。人类又走到了一个发展的十字路口，面临着能否作出正确抉择的重要考验。世界经济增长需要新动力，发展需要更加普惠平衡，贫富差距鸿沟有待弥合。与此同时，新一轮科技和产业革命正在孕育，各国利益深度融合，和平、发展、合作、共赢又成为时代的潮流。

共建“一带一路”顺应时代发展大势，致力于亚欧非大陆及附近海洋的互联互通，建立和加强沿线各国互联互通伙伴关系，构建全方位、多层次、复合型的互联互通网络，实现沿线各国多元、自主、平衡、可持续的发展。“一带一路”的互联互通项目将推动沿线各国发展战略的对接与耦合，发掘区域内市场的潜力，促进投资和消费，创造需求和就业，增进沿线各国人民的人文交流与文明互鉴，让各国人民相逢相知、互信互敬，共享和谐、安宁、富裕的生活。

2. 国内时代背景

当代中国的改革和发展已经进入新时代，改革开放 40 年来，中国经济社会得到了快速发展，社会主义现代化建设取得巨大成就。2010 年，中国经济总量超过日本，成为世界第二大经济体。对外开放形成全方位、宽领域、多层次的开放格局。中国的发展得益于改革开放，对外开放使中国融入世界，成为世界的一部分。中国的发展离不开世界，世界的发展也需要中国。当前，中国经济发展进入新常态，在经济发展基本面比较好的同时，也出现了发展不平衡、不协调、不可持续的问题。如何在对外开放中，把“请进来”与“走出去”相结合，提升对外开放水平，建立全新的开放模式；如何在开放中坚持问题导向，用开放倒逼改革，调整、优化、升级产业和经济结构，在更大的范围内整合经济要素和发展资源，优势互补，互利共赢，推动建立人类命运共同体，中国为世界作出应有贡献，是我国面临的一个重大任务和课题。

中国改革开放发展进入新时代，中国经济和世界经济高度关联。中国将一以贯之地坚持对外开放的基本国策，构建全方位开放新格局，深度融入世界经济体系。推进“一带一路”建设既是中国扩大和深化对外开放的需要，也是加强和亚欧非及世界各国互利合作的需要，中国愿意在力所能及的范围内承担更多责任和义务，为人类和平发展作出更大的贡献。

3. 21世纪海洋的功能

海洋是各国经贸文化交流的天然纽带，共建“21世纪海上丝绸之路”，是在全球政治、贸易格局不断变化形势下，中国连接世界的新型贸易之路，其核心价值是通道价值和战略安全。尤其在中国成为世界上第二大经济体，全球政治经济格局合纵连横的背景下，“21世纪海上丝绸之路”的开辟和拓展无疑将大大增强中国的战略安全。

21世纪海上丝绸之路的战略合作伙伴并不限于东盟，而是以点带线，以线带面，增进同沿边国家和地区的交往，串起连通东盟、南亚、西亚、北非、欧洲等各大经济板块的市场链，发展面向南海、太平洋和印度洋的战略合作经济带，以亚欧非经济贸易一体化为发展的长期目标。由于东盟地处海上丝绸之路的十字路口和必经之地，将是新海上丝绸之路倡议的首要发展目标。中国与东盟有着广泛的政治基础，坚实的经济基础，21世纪海上丝绸之路倡议符合各方共同利益和共同要求。

基于以上问题综合考虑，中国政府在经过一段时间的酝酿后，由习近平主席在2013年9月初访问哈萨克斯坦时，提出建设涵盖近30亿人口的“丝绸之路经济带”；2013年10月初在访问印尼时，提出与东盟国家共同建设21世纪海上丝绸之路，并在10月底召开了规模空前的周边外交工作座谈会，确定了今后10年共同的战略目标、工作思路与实施方案。

(二)历史背景

“一带一路”倡议的提出，具有深刻和丰厚的历史与文化渊源，早在两千多年前的古代劳动人民，就在亚欧大陆上探索出多条连接亚、欧、非的几大文明贸易和人文交流通路，被后人统称为“丝绸之路”。千百年来“和平合作、开放包容、互学互鉴、互利共赢”的丝绸之路精神薪火相传，推动了人类文明进步，是促进沿线各国繁荣发展的重要纽带，是东西方交流合作的象征，是世界各国共有的历史文化遗产。

1. 古代丝绸之路

历史上的丝绸之路，既不是中国人兴建的，也不是中国人推行的，而是欧亚各国对中国的丝绸有需要，才形成了丝绸之路。所以查找中国的古籍，找不到“丝绸之路”的记录。1860年前后，德国地理学家李希霍芬到中亚考察，提出“丝绸之路”概念。他结合考察情况，又对照中国历史，提出约在公元前2世纪，存在着这样一条“丝绸之路”。德国人胡特森在多年研究的基础上，撰写成专著《丝路》。从此，“丝绸之路”这一称谓得到世界的认可。

这条丝路由汉武帝时的张骞首次开拓，张骞（约公元前164年—前114年）于公元前138年—公元前126年从长安（今陕西西安）出发，联络大月氏人，共同夹击匈奴。首次开拓丝绸之路，被称为“凿空之旅”，但当时张骞通西域并不是为了贸易。

汉武帝为了打败匈奴，派张骞到现在的阿富汗一带去跟大月氏联系，但张骞被匈奴扣住了，一待就是十年，后来逃脱，来到大夏，找到了大月氏。但大月氏已熟悉了这里的生活，不想再打仗了。张骞呆了一年多，用史书上的话说“不得要领”，就回来了。公元73年，东汉时的班超又重新打通隔绝58年的西域，并将这条线路首次延伸到了欧洲罗马帝国。

公元166年，古罗马大秦王安敦派使者来洛阳，朝见汉桓帝，标志着中西方文化交往的开始，东西方两大帝国交往活动正式开启，这条路线首次正式打通并延伸到了欧洲。也是在东汉时期，印度僧人沿着丝绸之路到达洛阳，将佛教传入中国，从另一个角度拓展了丝绸之路。唐代玄奘沿着丝绸之路历时19年到印度求取真经，促进了中华文明与印度文明的交流，写下了《大唐西域记》。丝绸之路沿线国家和地区在丝绸、皮毛、玉石、珠宝、香料等领域的商品交换不断繁荣，文化、宗教等人文交流也日益活跃，不仅成为亚欧国家互通有无的商贸通道，也是促进亚欧各国和中国友好往来、沟通东西方文化的友谊之路。

总之，从汉代开始，陆上丝绸之路逐渐进入繁荣时期，成为连接东西两大帝国的商业和文化纽带。长安与巴格达成为了盛唐时代丝绸之路两端最重要的世界性大都市，从大食、波斯经中亚、西域进入中原的陆上通道成为最具活力的国际性贸易走廊。唐代中期以后，由于中国经济重心南移，以及西北陆路长期受阻，海路逐渐兴盛，陆上丝绸之路逐渐衰落。尽管蒙古帝国建立后，从中国一直向西延伸到中亚、西亚乃至欧洲的陆上通道一度复兴，但随着帝国的瓦解而又陷入没落。明永乐朝之后，中国在西北方向采取守势，退入嘉峪关自保，陆上丝绸之路彻底衰落。

古代丝绸之路，是一条横贯欧亚大陆北部的商路，与南方的茶马古道形成对比，以长安（今西安）、洛阳为起点，经河西走廊到敦煌。从敦煌开始分为南北两路：南路从敦煌经楼兰、于阗、莎车，穿越葱岭（今帕米尔）到大月氏、安息，往西到达条支、大秦；北路从敦煌到交河、龟兹、疏勒，穿越葱岭到大宛，往西经安息到达大秦。用今天地名，南路：西汉起自古都长安（今西安），东汉起自中国古都洛阳，经凉州、酒泉、瓜州、敦煌、中亚国家、阿富汗、伊朗、伊拉克、叙利亚等而达地中海，以罗马为终点，全长6440千米。北路：珲春—吉林—长春—满洲里—俄罗斯—欧洲。

2. 古代海上丝绸之路

海上丝绸之路东海航线形成于秦汉之际，即公元前200年左右。最初的海上航线，是沿着辽东半岛及朝鲜半岛的海岸线南下，然后越过对马海峡到达日本列岛的北部。到了隋唐时期，在中日双方民众的共同努力下，又陆续出现了横渡黄海及东海的多条海上航线。通过这些海上航线，不仅中国的商品被源源不断地输往日本及朝鲜半岛，中国文化也被大规模地传播到这些国家，包括儒家思想、律令制度、汉字、服饰、建筑，甚至武术、饮茶习俗等。

海上丝绸之路南海航线也是在秦汉之际形成的，珠江三角洲地区所发现的南越国（公元前 203 年—公元前 111 年）时期的非洲象牙等舶来品就是证明。公元前 111 年，汉武帝派大军消灭了南越国，直接控制了南海航线的门户。西汉凭借强盛的国力，大力拓展海外交通，开辟了第一条从中国南方沿海直接通往印度洋地区的远洋航线，最远到达现在印度半岛的东海岸及斯里兰卡。汉代典籍《汉书·地理志》明确记载了这条航线。

在欧亚大陆的西端，罗马帝国也在快速扩张。罗马人于公元前 30 年消灭埃及托勒密王朝后，通过红海进入印度洋，开始向东方推进。公元 1 世纪，罗马人掌握了印度洋上的季风规律，并借助季风直接横渡印度洋，往返于红海与印度之间，而不是像以前那样仅仅沿着印度洋的海岸线航行。来自罗马帝国的一些商人甚至远航到印度半岛东南沿海，建立起贸易据点。形成于公元 1 世纪后半期的希腊文航海文献《厄立特里亚海航海记》叙述了从红海前往印度半岛南端的航线。

汉代中国人由东向西拓展，罗马帝国的臣民自西而东航行，最后在印度半岛对接，从而使海上丝绸之路延伸到波斯湾、红海。这是世界历史上第一条跨越印度洋的海上航线，也是当时地球上最长的航线。海上丝绸之路南海航线与穿越中亚内陆的陆上丝绸之路，构成了连接东西方的两大交通动脉。

古代海上丝绸之路，是古代中国与世界其他地区进行经济文化交流交往的海上通道。2000 多年前，一条以中国徐闻港、合浦港等港口为起点的海上丝绸之路成就了世界性的贸易网络。

二、“一带一路”倡议形成过程与内容

进入 21 世纪，在以和平、发展、合作、共赢为主旋律的新时代，在现代交通、资讯飞速发展和全球化一体化发展背景下，贸易和投资在古丝绸之路上再度活跃，促进丝绸之路沿线区域经贸各领域的发展合作，既是对历史文化的传承，也是对该区域蕴藏巨大潜力的开发。

（一）倡议形成过程

2013 年 9 月和 10 月，中国国家主席习近平在出访中亚和东南亚国家期间，提出了共建“丝绸之路经济带”和“21 世纪海上丝绸之路”的重大倡议，得到国际社会高度关注。

2013 年 9 月 7 日，国家主席习近平在哈萨克斯坦纳扎尔巴耶夫大学演讲时提出：为了使欧亚各国经济联系更加紧密、相互合作更加深入、发展空间更加广阔，将用

创新的合作模式，共同建设“丝绸之路经济带”，这一倡议，得到国际社会高度关注和丝路沿线国家的强烈共鸣。丝绸之路经济带的构想，旨在促进东西方之间的各种交流活动，从而实现欧亚地区各国的共同发展与共同繁荣。

从国际角度看，丝绸之路两端是当今国际经济最活跃的两个主引擎，即：欧洲联盟与亚太经济圈。丝绸之路沿线大部分国家处在两个引擎之间的“塌陷地带”，该区域交通不够便利，自然环境较差，经济发展水平却与两端的经济圈存在巨大落差，整个区域存在“两边高，中间低”的现象。发展经济与追求美好生活是本地区国家与民众的普遍诉求，丝绸之路沿线国家希望与中国扩展合作领域，在交通、邮电、纺织、食品、制药、化工、农产品加工、消费品生产、机械制造、基础设施建设等行业对其进行投资，并在农业、沙漠治理、太阳能、环境保护等方面进行合作，为这块沃土注入“肥料”和“生机”。这些需求与两大经济引擎通联的需求叠加在一起，成为共同构筑复兴丝绸之路的国际战略基础。

从国内角度看，改革开放 40 年来，中国对外开放取得了举世瞩目的伟大成就，但受地理区位、资源禀赋、发展基础等因素影响，对外开放总体呈现东快西慢，海强陆弱格局，中国当前的发展需要兼顾地区平衡和协调，并着力开拓新的经济增长点。复兴丝绸之路能带动经济实力较为薄弱的西部地区，有望形成新的开放前沿。

2013 年 10 月，习近平主席在印度尼西亚国会的演讲中首次倡议中国与东盟国家，“发展好海洋合作伙伴关系，共同建设 21 世纪‘海上丝绸之路’”。同样是在 2013 年 10 月，中国召开了中华人民共和国成立以来的首次周边外交工作专项会议，在外交层面为海上丝绸之路倡议进行谋划布局。这次会议指出：“要同有关国家共同努力，加快基础设施互联互通，建设好丝绸之路经济带、21 世纪海上丝绸之路。”

2013 年 11 月召开的党的十八届三中全会通过了《中共中央关于全面深化改革若干重大问题的决定》，指出：“推进丝绸之路经济带、海上丝绸之路建设，形成全方位开放新格局。”这表明 21 世纪“一带一路”倡议，在我国正式列为国家重大建设，表明了中国全方位开放的姿态。

2014 年中国政府工作报告指出：“抓紧规划建设丝绸之路经济带、21 世纪海上丝绸之路。”2015 年政府工作报告提出：“把‘一带一路’建设与区域开发开放结合起来，加强新亚欧大陆桥、陆海口岸支点建设。”连续两年中国政府工作报告对丝绸之路经济带和海上丝绸之路建设作出部署，这充分表明丝绸之路经济带和海上丝绸之路建设进入实质性的推进阶段。2015 年 3 月 28 口，国家发展和改革委员会、外交部、商务部联合发布了《推动共建丝绸之路经济带和 21 世纪海上丝绸之路的愿景与行动》（简称《愿景与行动》），这是中国政府正式公布关于共建“一带一路”的规划文件，“一带一路”建设作为一个系统性的工程进入了共建实施阶段。

海洋是各国经贸文化交流的天然纽带，共建“21 世纪海上丝绸之路”，是全球政治、贸易格局不断变化形势下，中国连接世界的新型贸易之路，其核心价值是通道价值和战略安全。尤其在中国成为世界上第二大经济体，全球政治经济格局合纵连横的背景下，“21世纪海上丝绸之路”的开辟和拓展无疑将大大增强中国的战略安全。

自2003年中国与东盟建立战略伙伴关系以来，携手开创了“黄金十年”。中国东盟博览会连续举办十年，以经济合作为重点，逐渐向政治、安全、文化等领域延展，在应对国际金融危机和抗击重大灾害中形成了合作交流的良好局面。2010年中国—东盟自由贸易区建成，中国成为东盟第一大贸易伙伴，东盟成为中国第三大贸易伙伴，以自贸区升级为标志，双方关系已进入成熟期，合作进入快车道。21世纪海上丝绸之路作为重要推力和载体，将从规模和内涵上进一步提升双方贸易政治关系。

（二）倡议主要内容

丝绸之路经济带和21世纪海上丝绸之路倡议在精神实质上具有高度的一致性，但由于陆路与海路的差别，因此倡议内容也有不同侧重。

1. 丝绸之路经济带倡议

丝绸之路经济带倡议内容超越了纯粹的贸易自由化和投资便利化要求，旨在推进综合的发展和交流，主要包括经济领域合作与非经济领域合作的融合，以及经济领域内各层面之间的整合，其合作领域涉及政治、经济、文化等各个方面，而其合作重点，被概括总结为“五通”，即政策沟通、设施联通、贸易畅通、资金融通、民心相通。

“五通”的关系相辅相成，政策沟通是五通的顶层设计，既为五通开辟道路，又在政治层面上为丝绸之路经济带建设保驾护航；基础设施互联互通是丝绸之路经济带建设的优先领域；投资贸易合作是丝绸之路经济带建设的重点内容；资金融通是丝绸之路经济带建设的重要支撑；民心相通是丝绸之路经济带建设的社会基础。

丝绸之路经济带建设是沿线各国开放合作的宏大经济愿景，需各国携手努力，朝着互利共赢、共同安全的目标相向而行。努力实现区域基础设施更加完善，加快形成安全高效的交通网络，使互联互通达到新水平。进一步提升投资贸易便利化水平，促进形成高标准自由贸易区网络，经济联系更加紧密，政治互信更加深入，人文交流更加广泛深入，不同文明互鉴互融，各国人民相知相交、和平友好。

2. 21世纪海上丝绸之路倡议

提出21世纪海上丝绸之路倡议，有利于加强与东南亚国家全方位的交流，能扩大经济合作与经济援助的范围，通过勇于承担国际层面公共治理和公共产品的成本与增加公共产品的供给，能为中国在东南亚树立一个负责任的大国形象。实现中国与东南亚国家的共同发展和繁荣，能与海上丝绸之路沿线国家与地区共享中国深化改革开放释放的经济红利，能增加彼此之间的战略信任，从而能减少甚至消除“中国威胁论”生存的土壤。

21世纪海上丝绸之路倡议的主要内容，就是坚持合作共赢。“计利当计天下利”，中国愿在平等互利的基础上，扩大对东盟国家开放，使自身发展更好惠及东盟国家。中国愿提高中国—东盟自由贸易区水平，致力于加强同东盟国家的互联互通建设，中国倡议筹建亚洲基础设施投资银行，愿支持本地区发展中国家包括东盟国家开展基础设施互联互通建设。东南亚地区自古以来就是“海上丝绸之路”的重要枢纽，中国愿同东盟国家加强海上合作，使用好中国政府设立的中国—东盟海上合作基金，发展好海洋合作伙伴关系，共同建设21世纪“海上丝绸之路”。中国愿通过扩大同东盟国家各领域务实合作，互通有无、优势互补，同东盟国家共享机遇、共迎挑战，实现共同发展、共同繁荣。

海上丝绸之路倡议并不限于东盟国家，而是包括沿线更广泛的海路国家。根据21世纪海上丝绸之路的重点方向，“一带一路”建设海上合作以中国沿海经济带为支撑，密切与沿线国的合作，连接中国—中南半岛经济走廊，经南海向西进入印度洋，衔接中巴、孟中印缅经济走廊，共同建设中国—印度洋—非洲—地中海蓝色经济通道；经南海向南进入太平洋，共建中国—大洋洲—南太平洋蓝色经济通道；积极推动共建经北冰洋连接欧洲的蓝色经济通道。

当然，发展海洋合作伙伴关系也是中国经略海洋战略内容。近代以来，西方海陆大国的历史经验反复昭示：面海而兴、背海而衰，经略海洋是大国崛起的必要条件。中国是海陆复合型的大国，在20世纪80年代中国就提出要经略海洋，2012年中国已制定了建设海洋强国的宏伟目标。在面对南海问题日益复杂化的今天，中国必须加强海洋综合管理，有效维护国家海洋权益，有效管控海上纠纷，积极建设与东盟国家海洋合作伙伴关系，寻求海上利益的契合点，增进务实合作，为增进国与国之间政治与安全的互信创造有利条件。

三、“一带一路”倡议的遵循与反响

(一)“一带一路”倡议的遵循

“一带一路”倡议的遵循，与《联合国宪章》宗旨和原则相一致。“一带一路”的核心精神是推动互利合作共赢，共同发展、共同繁荣，和平合作、开放包容，以及相互信任、相互理解。这与《2030年可持续发展议程》价值观完全一致。

“一带一路”倡议遵循“三共”原则，即共商、共建、共享原则。“一带一路”建设恪守联合国宪章的宗旨和原则；遵守和平共处五项原则；坚持开放合作；坚持和谐包容；坚持市场运作；坚持互利共赢。“一带一路”的合作重点是“五通”，即政策沟通，设施联通，贸易畅通，资金融通，民心相通。加强政策沟通是“一带一路”建设的重要保障；基础设施互联互通是“一带一路”建设的优先领域；投资贸易合作是“一带一路”建设的重点内容；资金融通是“一带一路”建设的重要支撑；民心相通是“一带一路”建设的社会基础。

(二)“一带一路”倡议的反响

“一带一路”倡议的提出,无论国际社会,还是国内都引起了强烈反响,而且经过广泛的国际与国内实践,已经显示强大的活力和动力,并取得了显著成效。

1. 国际社会的反响

国际社会积极响应“一带一路”的倡议,许多国家和国际组织积极支持和参与“一带一路”建设,并与许多国家提出的发展战略相协调,如俄罗斯提出的欧亚经济联盟、东盟提出的互联互通总体规划、哈萨克斯坦提出的“光明之路”、越南提出的“两廊一圈”、英国提出的“英格兰北方经济中心”、波兰提出的“琥珀之路”、土耳其提出的“中间走廊”计划等均可与“一带一路”倡议相对接。

中国同老挝、柬埔寨、缅甸、匈牙利等国家的规划对接工作全面展开,到 2019 年 4 月为止,中国已与 150 多个国家和国际组织签署了 170 多份合作文件、行动计划和贸易畅通合作倡议,同 30 多个国家开展机制化产能合作。澳大利亚、新西兰对“一带一路”提出了希望参与建设的要求。拉美国家如阿根廷、智利、秘鲁等也对加入“一带一路”建设表示出强烈意愿。非洲各国非常期待在“一带一路”建设中获益。南非希望在与中国的合作中,发展“蓝色经济”。多哥希望自己成为“一带一路”建设在西非地区的支点。摩洛哥希望将自己在海上丝绸之路的支点扩展到欧洲。莫桑比克、乌干达、马达加斯加等 10 多个非洲国家都希望有更多的中国企业前去投资。

“一带一路”的倡议提出 5 年多来,全球 150 多个国家和国际组织积极支持和参与“一带一路”建设,联合国大会、联合国安理会等重要决议也纳入“一带一路”建设内容。以亚洲基础设施投资银行(简称“亚投行”)、丝路基金为代表的金融合作不断深入,一批有影响力的标志性项目逐步落地。2017 年首届“一带一路”国际合作高峰论坛在北京成功举办,29 个国家的元首和政府首脑出席,140 多个国家和 80 多个国际组织的 1600 多名代表参会。论坛 279 项成果中,到 2018 年 8 月已有 265 项已经完成或转为常态工作,落实率达 95%。截至 2018 年 8 月,103 个国家和国际组织同中国签署 118 份“一带一路”方面的合作协议。中国对沿线国家直接投资超过 700 亿美元,年均增长 7.2%,在沿线国家新签对外承包工程合同额超过 5000 亿美元,年均增长 19.2%。

“一带一路”倡议更引起了全球舆论热烈反响。英国广播公司认为,“一带一路”倡议将带来中欧经济发展上的共赢,有助于化解欧洲面临的政治、经济挑战,最终将有效缓解欧洲一体化面临的困境。美国《福布斯》杂志称,中国“一带一路”倡议的魅力在于,打造了一个多样化和相互连接的网络:这是一个连接中欧的升级版运输线路和新贸易枢纽网络,一个加强版覆盖整个欧亚地区的经济体系。与传统的“线路”相比,这样的“网络”更高效、安全和健康。意大利通讯社称,“一带一路”倡议体现了中国对外关系的新思路，提出了更具“平衡性”和“包容性”的中国特色对外交往模式。这一倡议是中国应对国际地缘政治形势变化和全球经济危机给出的方案，“一带一路”倡议将惠及所有国家。

2. 国内方面的反响

中国是“一带一路”倡议的提出者，是对世界有效治理和建立公平、公正、合理的新秩序贡献的中国智慧、中国主张和中国方案。因此，“一带一路”倡议在中国的反响既具有必然性，更是空前的发展机遇。

首先是部委积极行动。国家各部委积极响应倡议，陆续出台相关文件，发布未来几年的“一带一路”行动纲领。这些文件共同组成了中央政府推进“一带一路”建设方向的全景图和航标灯。在2013年，中央提出加快沿边开放步伐，允许沿边重点口岸、边境城市、经济合作区在人员往来、加工物流、旅游等方面实行特殊方式和政策。建立开发性金融机构，加快同周边国家和区域基础设施互联互通建设，推进丝绸之路经济带、海上丝绸之路建设，形成全方位开放新格局以后，到2018年1月，国家20多个部委局制定发布了18个规划或行动方案（见表1.1），其中，中国气象局于2018年1月发布了《气象“一带一路”发展规划（2017—2025年）》，这些规划或方案都提出了坚持共商、共建、共享原则，秉持和平合作、开放包容、互学互鉴、互利共赢的理念，结合部门和行业实际提出建设任务和行动计划。

表1.1　国家各部门“一带一路”相关规划(方案)主要思路汇总

序号	日期	文件名	发布单位	主要宗旨或思路
1	2018年1月	《气象“一带一路”发展规划（2017—2025年）》	中国气象局	按照《愿景与行动》的总体部署，坚持共商、共建、共享理念，遵循气象发展规律，充分利用国内国际两种资源、两个市场和不同规则，立足“一带一路”沿线各国不同发展现状，丰富对外合作内涵，提高对外合作水平，与“一带一路”沿线各国共同加强气象防灾减灾和公共气象服务能力，提升气象预报预测预警水平，健全完善综合气象观测体系，提高应对气候变化和开发利用气候资源能力，促进气象信息资源的共享，实现我国气象与“一带一路”沿线各国融合发展，为“一带一路”建设服务，为人类福祉和生命财产安全服务。

续表

序号	日期	文件名	发布单位	主要宗旨或思路
2	2017年12月	《标准联通共建“一带一路”行动计划(2018—2020年)》	国家标准化管理委员会	坚持需求导向、标准引领、创新合作、互利共赢、滚动实施原则,主动加强与沿线国家标准化战略对接和标准体系相互兼容,大力推动中国标准国际化,强化标准与政策、规则的有机衔接,以标准“软联通”打造合作“硬机制”,努力提高标准体系兼容性,支撑基础设施互联互通建设,促进国际产能与装备制造合作,服务投资贸易便利化和人文交流深入化,为推进“一带一路”建设提供坚实技术支撑和有力机制保障。
3	2017年12月	《国家邮政局关于推进邮政业服务“一带一路”建设的指导意见》	国家邮政局	弘扬和平合作、开放包容、互学互鉴、互利共赢的丝路精神,遵循共商共建共享原则,以“丝路传邮,畅达天下”为使命,以推动建设便捷畅通、普惠包容的全球寄递服务网络为主线,坚持引进来和走出去并重,对接沿线国家战略政策和发展需求,全面推进务实合作,共商丝路传邮新模式,共建国际邮政合 作新机制,共享沿线邮政业发展新成果,积极服务和平、繁荣、开放、创新、文明之路建设,为推动构建人类命运共同体贡献力量。
4	2017年6月	《“一带一路”建设海上合作设想》	国家发展和改革委员会、国家海洋局	以海洋为纽带增进共同福祉、发展共同利益,以共享蓝色空间、发展蓝色经济为主线,加强与21世纪海上丝绸之路沿线国战略对接,全方位推动各领域务实合作,共同建设通畅安全高效的海上大通道,共同推动建立海上合作平台,共同发展蓝色伙伴关系,沿着绿色发展、依海繁荣、安全保障、智慧创新、合作治理的人海和谐发展之路相向而行,造福沿线各国人民。

续表

序号	日期	文件名	发布单位	主要宗旨或思路
5	2017年6月	《“一带一路”体育旅游发展行动方案(2017—2020年)》	国家体育总局、国家旅游局	为贯彻落实国家“一带一路”建设部署和《国家旅游局体育总局关于大力发展体育旅游的指导意见》(旅发〔2016〕172号),以“一带一路”为突破口,加快国内沿线地区体育旅游融合发展,推动沿线国家体育旅游深度合作,为促进国内区域协调发展和构建人类命运共同体做出积极贡献。
6	2017年5月	《推动丝绸之路经济带和21世纪海上丝绸之路能源合作愿景与行动》	国家发展和改革委员会、国家能源局	各国和国际、地区组织均可参与“一带一路”能源合作;兼顾各方利益关切和合作意愿,寻求利益契合点和合作最大公约数;遵循市场规律和国际通行规则开展能源合作,充分发挥市场在资源配置中的决定性作用和更好发挥政府作用;加强沟通,增进互信,提高能源供应抗风险能力,共同维护国际能源生产和输送通道安全,构建安全高效的能源保障体系;积极推进清洁能源开发利用,严格控制污染物及温室气体排放,提高能源利用效率,推动各国能源绿色高效发展;坚持能源发展与社会责任并重,尊重当地宗教信仰和文化习俗,积极支持社会公益事业,带动地方经济社会发展,造福民众。
7	2017年5月	《“一带一路”生态环境保护合作规划》	环境保护部	牢固树立和贯彻落实创新、协调、绿色、开放、共享的发展理念,秉持和平合作、开放包容、互学互鉴、互利共赢的丝绸之路精神,坚持共商、共建、共享,以促进共同发展、实现共同繁荣为导向,有力有序有效地将绿色发展要求全面融入政策沟通、设施联通、贸易畅通、资金融通、民心相通中,构建多元主体参与的生态环保合作格局,提升“一带一路”沿线国家生态环保合作水平,为实现2030年可持续发展议程环境目标作出贡献。

续表

序号	日期	文件名	发布单位	主要宗旨或思路
8	2017 年 5 月	《“一带一路”融资指导原则》	财政部	“一带一路”建设旨在加强沿线国家的政策沟通、设施联通、贸易畅通、资金融通、民心相通，促进经济要素有序自由流动、资源高效配置和市场深度融合，共同打造开放、包容、均衡、普惠的区域经济合作架构。资金融通是“一带 一路”建设的重要支撑。为此，阿根廷、白俄罗斯、柬埔寨、智利、中国、捷克、埃塞俄比亚、斐济、格鲁吉亚、希腊、匈牙利、印度尼西亚、伊朗、肯尼亚、老挝、马来西亚、蒙古、缅甸、巴基斯坦、卡塔尔、俄罗斯、塞尔维亚、苏丹、瑞士、泰国、土耳其、英国呼吁沿线国家政府、金融机构、企业共同行动，本着“平等参与、利益共享、风险共担”的原则，推动建设长期、稳定、可持续、风险可控的融资体系。
9	2017 年 4 月	《关于推进绿色“一带一路”建设的指导意见》	环境保护部、外交部、国家发展和改革委员会、商务部	按照党中央和国务院决策部署，以和平合作、开放包容、互学互鉴、互利共赢的“丝绸之路”精神为指引，牢固树立创新、协调、绿色、开放、共享发展理念，坚持各国共商、共建、共享，遵循平等、追求互利，全面推进“五通”绿色化进程，建设生态环保交流合作、风险防范和服务支撑体系，搭建沟通对话、信息支撑、产业技术合作平台，推动构建政府引导、企业推动、民间促进的立体合作格局，为推动绿色“一带一路”建设作出积极贡献。
10	2016 年 12 月	《中医药“一带一路”发展规划（2016—2020 年）》	国家中医药管理局、国家发展和改革委员会	坚持共商、共建、共享理念，遵循中医药发展规律，充分利用国内国际两种资源、两个市场、两类规则，立足沿线各国不同发展现状，丰富对外合作内涵，提高对外合作水平，统筹推进中医药医疗、保健、教育、科研、文化和产业的对外交流与合作，实现中医药与沿线各国传统医学和现代医学的融合发展，为“一带一路”倡议服务，为维护人类健康服务。

续表

序号	日期	文件名	发布单位	主要宗旨或思路
11	2016年12月	《文化部“一带一路”文化发展行动计划（2016—2020年）》	文化部对外文化联络局	认真贯彻落实《愿景与行动》的整体部署，助推“一带一路”沿线国家和地区积极参与文化交流与合作，传承丝路精神，促进文明互鉴，实现亲诚惠容、民心相通，推动中华文化“走出去”，扩大中华文化的国际影响力，为实现《愿景与行动》总体目标和全面推进“一带一路”建设，夯实民意基础。
12	2016年9月	《推进“一带一路”建设科技创新合作专项规划》	科技部、国家发展和改革委员会、外交部、商务部	以全面发挥科技创新合作对共建“一带一路”的支撑引领作用为主线，以增强战略互信、促进共同发展为导向，全面提升科技创新合作的层次和水平，推动政策沟通、设施联通、贸易畅通、资金融通、民心相通，打造发展理念相通、要素流动畅通、科技设施联通、创新链条融通、人员交流顺通的创新共同体，为开创“一带一路”建设新局面提供有力支撑。
13	2016年7月	《推进共建“一带一路”教育行动》	教育部	为推动区域教育大开放、大交流、大融合提供了大契机。“一带一路”沿线国家教育加强合作、共同行动，既是共建“一带一路”的重要组成部分，又为共建“一带一路”提供人才支撑。中国愿与沿线国家一道，扩大人文交流，加强人才培养，共同开创教育美好明天。
14	2016年6月	《国家质量监督检验检疫总局“一带一路”计量合作愿景与行动》	国家质量监督检验检疫总局	遵循国际通行规则，立足各国国情实际，在平等协商、兼顾各方利益的基础上，积极推进与沿线国家计量领域全方位务实合作，共同促进国际计量体系的创新发展，共同推动国际计量互认进程，共同促进贸易便利化水平，共同服务区域经济社会可持续发展。

续表

序号	日期	文件名	发布单位	主要宗旨或思路
15	2015年10月	《标准联通“一带一路”行动计划(2015—2017)》	国家发展和改革委员会	主动适应经济发展新常态,积极培育国际竞争新优势,紧密围绕“政策沟通、设施联通、贸易畅通、资金融通、民心相通”的总体要求,不断深化与“一带一路”沿线国家标准化双多边合作和互联互通,大力推动中国标准“走出去”,加快提高标准国际化水平,全面服务“一带一路”建设。
16	2015年10月	《关于推进“一带一路”卫生交流合作三年实施方案(2015—2017)》	国家卫生和计划生育委员会	积极践行亲诚惠容的周边外交理念,以全方位加强对外卫生合作为主题,以全面提升中国同沿线国家人民健康水平为主线,坚持和平合作、开放包容、互学互鉴、互利共赢的核心价值理念,秉持共商、共建、共赢的合作前提,以周边国家为重点,以多双边合作机制为基础,创新合作模式,推进务实合作,促进我国及沿线国家卫生事业发展,打造“健康丝绸之路”,为“一带一路”建设提供有力支持并作出应有贡献。
17	2015年6月	《共同推动认证认可服务“一带一路”建设的愿景与行动》	国家认证认可监督管理委员会	秉持共商、共建、共享的理念,遵循国际通行规则,立足各国国情实际,坚持互信互鉴、合作共赢,在平等协商、兼顾各方利益的基础上,积极推进与“一带一路”建设相适应的认证认可合作互认进程,共同提高技术性贸易措施透明度,共同促进认证认可制度创新发展,共同推动互联互通建设,共同提升贸易自由化、便利化水平,共同服务区域经济高质量、可持续发展。
18	2015年3月	《推动共建丝绸之路经济带和21世纪海上丝绸之路的愿景与行动》	国家发展和改革委员会、外交部、商务部	恪守联合国宪章的宗旨和原则。遵守和平共处五项原则,即尊重各国主权和领土完整、互不侵犯、互不干涉内政、和平共处、平等互利。坚持开放合作,坚持和谐包容,坚持市场运作,坚持互利共赢。

续表

序号	日期	文件名	发布单位	主要宗旨或思路
19	2013 年 11 月	《中共中央关于全面深化改革若干重大问题的决定》	中共中央	加快沿边开放步伐，允许沿边重点口岸、边境城市、经济合作区在人员往来、加工物流、旅游等方面实行特殊方式和政策。建立开发性金融机构，加快同周边国家和区域基础设施互联互通建设，推进丝绸之路经济带、海上丝绸之路建设，形成全方位开放新格局。

各省（自治区、直辖市）党委政府积极行动。自“一带一路”倡议提出以后，全国各省（自治区、直辖市）政府积极响应，纷纷提出了本地承接“一带一路”的政策规划或行动计划。目前，“一带一路”各省份大都制定本地对接“一带一路”建设相关举措，其中西北 6 省（自治区）和福建、广东和黑龙江等关键省份均出台专项规划和实施方案等；新疆、青海、甘肃、陕西、宁夏、内蒙古、黑龙江、福建、广东、湖北、湖南和江西等省（自治区、直辖市）出台总体规划/实施方案/建设方案/行动计划等；甘肃、重庆、广西、上海、广东、浙江和海南等省（自治区、直辖市）列入“十三五”规划（见表 1.2），而且各省（自治区、直辖市）突出了本地特色。

上海市政府工作报告提出，2018 年将实施服务“一带一路”建设行动方案，推进贸易投资便利化、金融开放合作、基础设施互联互通等专项行动；精心筹办好首届中国国际进口博览会，举全市之力做好各项服务保障工作，建成线上线下相结合的“6 天＋365 天”交易服务平台，努力办成国际一流的博览会；进一步落实构建开放型经济新体制“33 条”，支持在沪跨国公司地区总部拓展贸易、研发、结算等全球营运功能，促进优势产能、优质装备、技术标准输出。

江苏省对接“一带一路”提出的具体措施，包括充分发挥“一带一路”交汇点优势，高水平建好用好中哈（连云港）物流合作基地、上合组织（连云港）国际物流园，加快建设中阿（联酋）产能合作示范园，推进中韩（盐城）产业园建设，增创对外开放新优势。积极参与铁路、港口、通信、电网等基础设施建设，扎实开展国际产能合作。

浙江省坚持以“一带一路”为统领，加快形成全面开放新格局。该省提出，全面实施打造“一带一路”枢纽行动计划，以开放促改革、促创新、促发展，形成开放发展新优势；落实好中国（浙江）自由贸易试验区深化改革自主权，积极推进油品全产业链建设；争创自由贸易港，扎实推进义甬舟开放大通道建设，加快宁波“一带一路”建设综合试验区和“16＋1”经贸合作示范区规划建设，加快建设“一带一路”捷克站和迪拜站；启动实施“海关特殊监管区＋开发区”整合；深入推进优进优出战略，大力发展服务贸易。

山东省突出“一带一路”建设，构建起陆海内外联动、东西双向互济的全面开放新格局，支持青岛、烟台、日照打造海上合作战略支点，探索中欧班列新模式。

陕西省“一带一路”行动计划提出，中哈、中俄、中韩等产能合作园区建设加快推进，开通西安至莫斯科、华沙和汉堡3条中欧班列和西安至阿姆斯特丹货运航线，国际客运航线增至42条，柬埔寨、马来西亚在陕设立领事馆，英国等13个国家在西安设立签证中心。

海南省抢抓“一带一路”建设机遇，加强与沿线国家和地区交流合作，国际航线由12条拓展到57条，开通国内外货运航线337条、邮轮航线14条，离岛免税购物的额度、品种、受惠对象、政策效应进一步放大。海南将深度参与“一带一路”建设，按照产业互补原则，拓展友城布局，利用侨务资源，扩大国际“朋友圈”，积极参与泛珠合作、北部湾城市群和粤港澳大湾区建设，推动琼州海峡经济带建设，深化与港澳台合作。

福建省主动融入“一带一路”建设，加快建设海上丝绸之路（简称“海丝”）核心区，与沿线国家和地区经贸合作、人文交流更加紧密，新增对外投资额年均增长1.2倍，台闽欧国际班列实现常态化运营。福建自贸试验区推出创新举措11批285项，其中属于全国首创的有103项，新增企业数、注册资本分别是挂牌前的4.3倍和6.3倍。福建将加快建设21世纪海丝核心区，推进与海丝沿线国家和地区互联互通、经贸合作、海洋合作、人文交流，促进政策沟通、设施联通、贸易畅通、资金融通、民心相通；用好“9·8”投洽会、东盟博览会等平台，扩大经贸交流，探索在海丝沿线重要节点国家和地区设立经贸联络处；加强港区、航线和联运通道建设，推动海丝与陆丝对接。

黑龙江省对接国家“一带一路”，积极参与“中蒙俄经济走廊”建设，落实“打造一个窗口、建设四个区”的发展定位；用好8个口岸边境旅游异地办证政策；推动开通黑瞎子岛陆路口岸，开通绥芬河公路口岸小汽车自驾游；加快同江铁路大桥、黑河公路大桥及东宁大桥、洛古河大桥建设；提高哈欧、哈俄班列和哈绥俄亚陆海联运的市场化运行水平。支持哈尔滨开通北美货运航线；用好中俄科技产业投资基金，促进对俄工业与技术合作。

湖北省深度融入“一带一路”建设，加快建设大通道、大通关、大平台，推动中欧班列、江海直达航线、多式联运发展；加快国际贸易“单一窗口”建设，落实“一次申报、一次检查、一次放行”“无纸化通关”，提升口岸服务功能；支持襄阳、宜昌申报综合保税区，深化国际产能合作，推进境外投资“双重工程”。

湖南省着力深化“一带一路”经贸合作，深耕重点国家和地区；对接“新丝路”，深耕非洲、东盟、中拉美等重点国家和地区，推动优势产能、基础设施领域合作，带动技术、装备和劳务走出去；争取更多项目纳入国家“丝路明珠”示范工程，加快对中非产业合作运营联盟试点经验的复制推广，力争中非合作机制下的经贸合作平台落户湖南；完善联盟抱团机制。

四川省在对接“一带一路”上取得可喜成果，不少四川企业在境外特别是在“一带一路”沿线国家和地区投资办厂和从事离岸服务外包项目，如目前成都市企业在“一带一路”沿线国家和地区在建和筹建项目共计 166 个，涉及金额超过 100 亿美元。2017 年，成都市企业离岸服务外包执行金额近 100 亿元。此外，“一带一路”倡议的稳步推进和四川自贸试验区的设立，带动四川空、铁、水、陆全方位立体对外开放通道和平台建设的快速发展。

重庆市积极参与“一带一路”建设，目前，已重点发展了以重庆华南城、重庆协信等为代表的专业市场集群，以京东电商产业园、顺丰产业园为代表的电子商务，以及第三方、第四方物流和外向型贸易物流平台，此外，还有以南方阻燃和烟叶复烤等与物流市场配套的增值加工业，以公路车检场、保税物流中心(B 型)为载体构建外向型贸易物流平台。基地累计完成投资超 300 亿元，开工建设项目 20 个，投入营运项目 12 个，年交易额 300 亿。预计到 2022 年末，完成总投资约 800 亿元，形成 2000 亿级商贸物流基地。

河北省提出，主动融入“一带一路”建设，做大做强做优优势产业，构建全面改革开放新格局。深化港城融合、产城融合，加快港口转型升级，推动黄骅港由煤炭港、集疏港向现代化综合服务港和国际贸易大港转变，加快港区基础设施和集疏运体系建设，切实做到以城定港、港城融合、产城共兴，力争建成沿海经济带高质量发展示范区，全面提升黄骅港面向华北、东北、西北地区的吸引辐射功能，自觉服务京津冀和区域协调发展。

江西省加快融入“一带一路”建设，实施一批国际产能合作项目和重大基础设施互联互通项目，大力实施“走出去”战略，加快赞比亚江西工业园等境外经贸合作区、地矿局伊朗夏拉夫阿巴德金矿等建设，支持昌河汽车、汉腾汽车与英国、德国等知名发动机公司合作，加快打造南昌、赣州连接“一带一路”节点城市。

表 1.2　国内部分省份“一带一路”相关规划(方案)主要思路汇总

序号	时间	名称	部门	主要宗旨或思路
1	2015 年 5 月	江西省参与丝绸之路经济带和 21 世纪海上丝绸之路建设实施方案	江西省人民政府	充分发挥历史文化和生态资源优势，以畅通对外通道为基础，以扩大经贸投资为重点，以深化人文交流为纽带，以强化平台建设为支撑，积极参与“一带一路”建设，不断拓展国际合作新空间，努力把江西建设成为连接“一带一路”内陆战略通道、内陆开放合作高地、生态文明国际合作重要平台。

续表

序号	时间	名称	部门	主要宗旨或思路
2	2015年7月	关于融入“一带一路”加快开放宁夏建设的意见	中国共产党宁夏回族自治区第十一届委员会第六次全体会议通过	全面落实宁夏内陆开放型经济试验区规划，先行先试国家深化改革重大举措、先行先试扩大开放试点政策、先行先试国际通行规则标准、先行先试促进内陆开放体制机制、先行先试"一带一路"重大项目合作方式，着力提升开放型经济产业支撑能力，着力提升基础设施互联互通能力，着力提升开放平台辐射带动能力，着力提升市场主体国际竞争能力，着力提升人文经贸互融互动能力。把全区打造成辐射西部、面向全国、融入全球的中阿合作先行区、内陆开放示范区、丝绸之路经济带战略支点。
3	2015年8月	湖南省对接“一带一路”战略行动方案(2015—2017年)	湖南省人民政府	充分利用国家通道、国家平台，将湖南省经济、人文、资源优势与沿线国家的发展需求结合起来，以长沙为节点城市，以重点区域、重大项目、重点平台、重要机制建设为依托，以提升全面开放水平、拓展经贸合作领域、扩大人文交流为重点，着力实施“六大行动”(装备产能出海行动、对外贸易提升行动、引资引技升级行动、基础设施联通行动、合作平台构筑行动、人文交流拓展行动)，完善“五大机制”(项目推进机制、金融财税扶持机制、人才保障机制、风险防控机制、工作协调机制)，建设80个左右的重大项目，总投资3000多亿元，将湖南打造成“一带一路”的重要腹地和内陆开放的新高地。
4	2015年11月	河南省参与建设“一带一路”实施方案	河南省发展和改革委员会	发挥优势、主动融入、服务大局，把实施粮食生产核心区、中原经济区、郑州航空港经济综合实验区三大战略规划与参与“一带一路”建设紧密结合起来，坚持东联西进、贯通全球、构建枢纽，着力推进基础设施连通合作，着力拓展能源资源合作，着力深化经贸产业合作，着力加强人文交流合作，构建全方位对外开放新格局，在参与“一带一路”建设中更好地发挥内陆腹地战略支撑作用。

续表

序号	时间	名称	部门	主要宗旨或思路
5	2015年11月	福建省21世纪海上丝绸之路核心区建设方案	福建省发展和改革委员会、福建省人民政府外事办公室、福建省商务厅	根据历史基础、经贸合作以及人文交流现状等情况，福建省21世纪海上丝绸之路核心区建设重点合作方向是打造从福建沿海港口南下，过南海，经马六甲海峡向西至印度洋，延伸至欧洲的西线合作走廊；从福建沿海港口南下，过南海，经印度尼西亚抵达南太平洋的南线合作走廊；同时，结合福建与东北亚传统合作伙伴的合作基础，积极打造从福建沿海港口北上，经韩国、日本，延伸至俄罗斯远东和北美地区的北线合作走廊。
6	2015年12月	广东省参与丝绸之路经济带和21世纪海上丝绸之路建设实施方案	广东省发展和改革委员会	围绕政策沟通、设施联通、贸易畅通、资金融通、民心相通的要求，以互利共赢为目标，联手港澳台和周边省区，务实推进与“一带一路”沿线国家合作，将广东建设成为与沿线国家交流合作的战略枢纽、经贸合作中心和重要引擎。
7	2015年12月	陕西省推进建设丝绸之路经济带和21世纪海上丝绸之路实施方案（2015—2020年）	陕西省人民政府	明确建设交通商贸物流、国际产能合作、科技教育、国际旅游、区域金融五大中心。
8	2015年12月	西安市“一带一路”建设2016年行动计划	西安市人民政府	为贯彻落实国家“一带一路”建设规划，叫响做实丝绸之路经济带新起点，着力打造内陆型改革开放新高地，开创西安全方位对外开放新格局，特制定以下行动计划：促进互联互通建设；密切人文交流合作；深化经贸领域合作；搭建对外开放平台；创新金融合作方式。
9	2015年12月	甘肃省参与“一带一路”建设实施方案	甘肃省发展和改革委员会	明确提出“一大构想，着力构建三大平台、六大窗口、八大节点城市，推进五大重点工程建设”的发展战略（简称“13685”战略）。

续表

序号	时间	名称	部门	主要宗旨或思路
10	2016年6月	广西参与建设丝绸之路经济带和21世纪海上丝绸之路的思路与行动	广西壮族自治区发展和改革委员会	根据《推动共建丝绸之路经济带和21世纪海上丝绸之路的愿景与行动》对广西定位要求，服务中国—东盟自贸区升级版，在继续深化与东盟国家合作的同时，拓展与丝路沿线其他国家的合作，重点打造“一廊两港两会四基地”，构建面向东盟的国际大通道，打造西南中南地区开放发展新的战略支点，形成“一带一路”有机衔接的重要门户。
11	2016年9月	河北省推进共建“一带一路”教育行动计划	河北省教育厅	全面贯彻党的教育方针，以服务党和国家工作大局、服务全省经济社会发展中心任务为宗旨，坚持创新、协调、绿色、开放、共享的发展理念，扩大和深化与“一带一路”沿线国家教育交流合作，不断提升全省教育质量和对外开放水平，推进人文交流，为实现“两个一百年”奋斗目标和中华民族伟大复兴的中国梦、建设经济强省美丽河北作出积极贡献。
12	2016年9月	成都市“一带一路”国家战略五年行动计划	成都市人民政府	抢抓实施“一带一路”建设重大机遇，充分发挥成都在中西部地区的地缘优势、比较优势和产业优势，主动适应经济发展新常态，坚持“引进来”与“走出去”双向互动，用好“两种资源”“两个市场”，深入实施全球布局、产能合作、跨国成长、丝路开拓、平台构筑、保驾护航六大行动，聚焦“一带一路”重点地区和重点国家，对接重点行业和重点领域，推动成都市优势产业、优秀企业全方位、多领域、高水平“走出去”，拓展“成都制造”“成都服务”“成都品牌”国际市场空间，加快建设国家中西部地区“走出去”门户城市。

续表

序号	时间	名称	部门	主要宗旨或思路
13	2016年12月	关于支持企业“走出去”开展跨国经营的指导意见	内蒙古自治区政府办公厅	坚持企业为主体、市场为导向、政府引导推进，鼓励和支持各种类型有条件的企业“走出去”，在全球范围优化资源配置，按照国际通行规则和相关法律法规，积极稳妥地开展对外投资、经济技术合作和跨国经营。坚持服务于内蒙古自治区经济社会发展和对外开放全局，服务于内蒙古自治区经济发展方式转变和产业结构优化升级，为经济社会持续健康发展提供动力。坚持充分发挥毗邻俄蒙的独特优势，与内蒙古自治区深化同俄蒙创新合作机制工作任务相结合，与贯彻落实国家支持沿边重点地区开发开放政策措施相结合，加快形成对外开放新格局和参与国际竞争新优势。
14	2017年7月	丝绸之路经济带核心区交通枢纽中心建设规划（2016—2030年）	新疆维吾尔自治区人民政府	《规划》提出，新疆将规划构建丝绸之路经济带核心区国际性、国家级、区域级、地区级“四层级”综合交通枢纽城市。其中，乌鲁木齐和喀什将建设成为两个国际性枢纽。将实现“一核九区多节点”的商贸物流中心空间布局。“一核”是指打造环乌鲁木齐商贸物流核心圈，“九区”是重点建设喀什—克孜勒苏柯尔克孜自治州、伊犁—博尔塔拉蒙古自治州、克拉玛依—奎屯—乌苏、库尔勒、哈密、阿勒泰—北屯、塔城、阿克苏、和田九大商贸物流产业集聚区。“多节点”则重点依托具备一定区位交通条件及特色产业优势的重点城镇，培育和建设一批商贸。
15	2017年9月	郑州—卢森堡“空中丝绸之路”建设专项规划（2017—2025年）	河南省人民政府	突出特色、厚植优势、扩大影响，把贯彻落实习近平总书记支持建设郑州—卢森堡“空中丝绸之路”重要指示精神作为河南省参与“一带一路”建设的中心任务，与推进“三区一群”国家战略规划实施紧密结合，以深化郑州—卢森堡“双枢纽”合作为基础，着力拓展枢纽航线网络，构建连接世界重要航空枢纽和主要经济体、多点支撑的航线网络格局；着力拓展合作领域，全面加强以政策沟通、设施联通、贸易畅通、资金融通、民心相通为主要内容的交流合作；着力拓展服务功能，形成引领中部、服务全国、连通欧亚、辐射全球的空中经济廊道，打造全国“一带一路”建设的重要支撑和河南省对外开放的重要纽带，建成和平、繁荣、开放、创新、文明的“空中丝绸之路”，在国家“一带一路”建设中发挥更大作用。

续表

序号	时间	名称	部门	主要宗旨或思路
16	2017年10月	上海服务国家“一带一路”建设发挥桥头堡作用行动方案	上海市推进“一带一路”建设工作领导小组办公室	上海服务国家“一带一路”建设，以上海自贸试验区为制度创新载体，以经贸合作为突破口，以金融服务为支撑，以基础设施建设为重点，以人文交流和人才培训为纽带，以同全球友城和跨国公司合作为切入点。上海服务国家“一带一路”建设的过程，也是培育发展新动能、代表中国参与全球竞争合作的过程，测试压力、防控风险、转型升级的过程，传播中国发展新理念、凸显上海全球城市价值的过程。
17	2017年11月	天津市“一带一路”科技创新合作行动计划（2017—2020年）	天津市科学技术委员会	以“一带一路”建设为重点，坚持引进来和走出去并重，遵循共商共建共享原则，加强创新能力开放合作，以全面发挥科技合作对共建“一带一路”的支撑引领作用为主线，通过深化科技人文交流、共建联合实验室（研究中心）、支持科技园区合作发展、实施国际技术转移四项重点任务，打造创新要素流动畅通、科技设施相互连通、创新链条相互融合、人才交流渠道顺通的创新共同体，为天津市构建全方位、多层次、宽领域的开放型经济新体系、全面建成全球一流的创新型城市提供有力支撑。
18	2017年11月	浙江省人民政府关于加快建设海洋强省国际强港的若干意见	浙江省人民政府	以习近平新时代中国特色社会主义思想为指导，坚持新发展理念，坚定不移沿着“八八战略”指引的路子走下去，按照省委关于实施“5211”海洋强省行动等决策部署，深化实施涉海涉港领域供给侧结构性改革，深度参与国家“一带一路”建设、长江经济带战略，有力促进大湾区、大花园、大通道实施，加快建成与高水平全面建成小康社会、高水平推进社会主义现代化建设相适应的海洋强省、国际强港，支撑浙江省海洋事业干在实处、走在前列、勇立潮头。

续表

序号	时间	名称	部门	主要宗旨或思路
19	2017年12月	广西加快推进中新互联互通南向通道建设工作方案(2018—2020年)	广西壮族自治区人民政府	中新互联互通南向通道(简称南向通道)是在中新(重庆)战略性互联互通示范项目框架下,以重庆为运营中心,以广西、贵州、甘肃为关键节点,中国西部相关省(自治区、直辖市)与新加坡等东盟国家通过区域联动、国际合作共同打造的,有机衔接“一带一路”的国际陆海贸易新通道。建设南向通道,是党中央、国务院根据国际国内新形势对广西等西部省(自治区、直辖市)提出的新任务、新要求,是促进平衡可持续发展,提升中国西部和东南亚等地区互联互通水平的重要举措。为进一步贯彻落实中央赋予广西的“三大定位”,加快推进南向通道建设,特制定本方案。
20	2017年12月	湖南省推进国际产能和装备制造合作三年行动计划(2018—2020年)	湖南推进“一带一路”建设暨国际产能合作领导小组	统筹全面对外开放和省内改革发展,坚持“一带一路”与“一带一部”相结合,坚持国际产能合作与中部崛起相结合,坚持“走出去”与“引进来”相结合,坚持紧密对接境外需求与推动省内产业转型升级相结合,科学谋划、合理布局,全面完善政策框架和推进模式,充分调动各类主体积极性,切实防范各类风险,努力将湖南省打造为中部地区国际产能和装备制造合作的示范区。
21	2017年12月	青海省丝绸之路文化产业带发展规划及行动计划(2018—2025)	青海省文化和新闻出版厅	发挥青海省区位、生态和民族人文优势,深化与丝绸之路沿线省区和国家合作,突出区域文化特色,围绕丝绸之路建设优化全省产业布局,注重质量效益,坚持提质增效升级,实现高起点跨越式发展,构建特色鲜明、错位发展的青海丝绸之路特色文化产业带,打造全省对外开放新格局,形成文化经济发展的新增长极,推动青海成为丝绸之路经济带对外开放的战略通道、文化贸易枢纽和人文交流中心。

续表

序号	时间	名称	部门	主要宗旨或思路
22	2018年2月	甘肃省合作共建中新互联互通项目南向通道工作方案（2018—2020年）	甘肃省人民政府办公厅	在中（国）新（加坡）互联互通项目框架下，以重庆为运营中心，以广西、贵州、甘肃为关键节点，利用铁路、公路、水运、航空等多种运输方式，由重庆向南经贵州等省，通过广西北部湾等沿海沿边口岸，通达新加坡及东盟主要物流节点，进而辐射南亚、中东、澳洲等区域；向北与中欧（渝新欧、兰州号）班列连接，利用兰渝铁路及甘肃的主要物流节点，连通中亚、南亚、欧洲等地区，通过国际合作打造有机衔接“一带一路”的复合型国际贸易物流通道。

第二章 “一带一路”气象服务保障概述

“一带一路”倡议的实施，是一个涉及亚欧65个国家的世界超级性协同愿景。“一带一路”并没有明确划定地理界线，其实质是一个国际合作的倡议，向所有志同道合的国家和地区开放。截至2018年底，已有100多个国家和国际组织签署了“一带一路”协议。“一带一路”倡议实施广泛涉及气象服务保障需求，因此提出“一带一路”气象服务保障建设和开展气象服务保障战略研究，具有极其重要的现实意义。

一、“一带一路”气象服务保障的提出

“一带一路”涉及区域非常广泛，几乎包括了热带、亚热带、温带和寒带，以及海洋性和高寒地所有的气候带。“一带一路”区域建设安全和经济社会活动安全均涉及气象安全保障。建立“一带一路”区域气象安全保障，充分利用“一带一路”气候资源，强化综合防灾减灾、应对气候变化，以及重大工程项目建设和各行业领域的气象保障服务，是实施“一带一路”建设的必然需求。由此，提出“一带一路”气象服务保障战略不仅具有必然性，而且更具有现实意义。

（一）“一带一路”适应与减缓气候变化

21世纪，适应与减缓气候变化是全球面临的共同问题，也是区域经济发展必然面对的问题。“一带一路”沿线国家和地区大都是气候变化脆弱地带，在推进经济社会发展的同时，更需要采取行动适应与减缓气候变化，气象服务保障战略就必然应放在更加突出的地位。

1.“一带一路”气象防灾减灾

气象防灾减灾是适应气候变化最重要的战略举措。处于“一带一路”的多数国家经济发展相对滞后，气象灾害多发，防灾减灾基础薄弱，预报预警能力较低，亟需加强气象防灾减灾体系建设。“一带一路”国家之间就此具有广泛的合作空间，中国已经建成世界一流的气象服务体系，与“一带一路”国家之间开展合作与交流具有明显优势，对加强合作国之间的气象防灾减灾能力建设必将产生显著效果。

2.“一带一路”应对气候变化

全球气候变暖可能摧毁全球过去50年所取得的发展成果，这对“一带一路”各国

是巨大挑战，对经济不够发达或欠发达国家而言，由于缺乏应对能力，形势更加严峻。但共同的挑战也增加了各国通过共商合作，应对气候变化的一致性和可能性。一方面可以提高合作国之间的气象预报预警能力、防灾减灾能力和基础设施建设能力，积极应对气候变化，特别是应对极端气候对各国的影响；另一方面可以降低气候安全风险，尤其如东南亚、南亚及中亚等地区存在着由气候变化所导致的贫困加剧、社会动荡、跨界资源冲突等风险。

3.“一带一路”生态环境气象服务

生态环境是一个综合的发展问题，“一带一路”沿线地区是人类活动最频繁的区域，又大都是生态环境脆弱区，一些国家的生态环境形势与中国部分地区比较相似，为开展绿色发展领域的经济技术国际合作提供了机遇和市场。生态环境安全是国际社会普遍关注的问题，中国在与“一带一路”沿线国家合作中可突出绿色、低碳发展，重点加强区域环境和生态治理合作，开展生态环境保护、应对气候变化、荒漠化治理、气象预报预警等合作研发与示范。同时，还可在推动相关企业在“走出去”的过程中，制定科学、人文的生态环境保护应急预案。

(二)“一带一路”经济活动气象服务保障

“一带一路”倡议，本质上讲应当是一个谋求全球经济发展新出路的倡议。中国倡导和推进的“一带一路”是中国践行经济全球化的切实行动，以此坚定地促进经济全球化。全球化经济活动的气象服务保障，远超出了一国具有的气象科技服务水平和能力，如何跨境跨区域为“一带一路”建设提供气象服务保障，对我国气象科技就是一个新课题。

1.“一带一路”交通气象服务

设施要联通，气象服务保障就要必须打通，设施联通到哪，气象服务就要覆盖到哪。自“一带一路”倡议实施以来，以铁路联通、公路畅通为基础的陆上丝绸之路建设全面提速，渝新欧、汉新欧、郑新欧、义新欧、哈欧等连通中欧的国际班列越来越密集，以开拓洲际航线为重点的空中丝绸之路实现重大突破；同时，通过共商共建共享方式，中国也将成熟的高铁技术向“一带一路”区域输转。随着“一带一路”交通建设加快，必须加强丝绸之路经济带的公路、铁路交通沿线气象灾害监测预报预警、高影响天气预报服务、交通气象灾害风险评估以及航空气象服务。

2.“一带一路”能源气象服务

能源合作被列入“一带一路”重点领域，体现在生态环境、能源安全、自然灾害、智慧农业、海洋合作等方面。与沿线国家相比，中国能源气象服务在装备制造、减灾防灾、能源环境和应对气候变化等领域具有一定的技术优势，重点可加强适合沿线国家实际的太阳能、风能等可再生能源高效利用技术的研发和示范推广合作。

3.“一带一路”旅游气象服务

“一带一路”倡议的实施，必将增大沿线国家的商务、经贸、旅游等人员往来，预计“十三五”期间，仅中国每年将有1.5亿人次的游客到“一带一路”沿线国家旅行，同时中国还将吸引8500万人次来华旅游，“一带一路”沿线国家都面临扩大旅游业发展的问题。人到哪，气象服务就要跟人走，旅游业的发展，迫切需要加强“一带一路”沿线主要城市、重点旅游景区和旅游交通干线天气的监测和预报，为游客出行提供及时、准确、智能的气象服务。

4.“一带一路”水文气象服务

“一带一路”地理跨度大，地质地貌复杂多变，水文气象状况多样，在开展水利基础设施建设规划前需要加强水文勘察，建成后需要考虑运行保障所需的水文气象服务。同时，受气候变暖的影响，青藏高原的冰川消融速度将会加剧，届时依赖这些融水供给的东南亚和南亚河流将遭到有效水资源减退的威胁，“一带一路”沿线国家大都面临水资源供应与安全问题。特别是水河临国之间，如何协调好流域上、中、下游用水关系，不仅是水文气象服务问题，同时也是重要的政治外交问题。

（三）“一带一路”的海洋及其他气象服务

“一带一路”涉及的气象服务内容非常广泛，其中海洋气象服务就比较复杂，而且是必须的服务内容，还有实施人工影响天气和特色农业气象服务等都有广泛的需求。

1.“一带一路”海洋气象服务

“一带一路”涉及许多海洋国家，而且还涉及许多海洋利用。各国对海洋气象服务工作提出了新的要求。一方面，中国远洋航线遍布全球，中国与海上丝绸之路沿线国的经济合作项目逐步启动，远洋航运和经济合作项目的安全保障也日益受到重视，中国海上护航活动日益增多，迫切要求提供全方位海洋气象保障服务；另一方面，“一带一路”沿线不少国家都毗邻海洋，海洋经济快速蓬勃发展，海上经济活动面临的气象灾害风险也日益加大，涉海各行业迫切需要更及时和有针对性的气象服务。因此，“一带一路”海洋气象服务各国之间具有广泛合作空间和服务需求。

2.“一带一路”人工影响天气服务

中国人工影响天气已不单是为了缓解干旱引起的缺水或冰雹灾害，在保障交通安全、森林防（灭）火、水力发电、生态环境保护等方面发挥着越来越重要的作用。“一带一路”沿线有不少国家处于干旱半干旱环境，水资源短缺。如果各国之间通过共商合作，可有效实施人工影响天气工程建设，显著提升“一带一路”沿线国家人工增雨抗旱、防雹减灾、森林草原防火、水库和河流增水、生态环境建设与保护等的能力和水平。

二、“一带一路”气象服务保障能力建设的意义与内容

如果说“一带一路”气象服务保障战略的提出，具有其必然性和必要性，那么“一带一路”气象服务保障能力建设的意义与内容，就是需要说明气象发展为什么需要推进“一带一路”气象保障能力建设，其建设主要有哪些内容。

（一）“一带一路”气象服务保障能力建设的意义

“一带一路”气象服务保障能力建设不仅是一个涉及众多国家，而且涉及众多领域协同的系统性工程，“一带一路”气象保障能力建设具有重大经济社会发展效益和重大现实意义。

1.“一带一路”建设提出了气象服务保障需求

推进“一带一路”建设，既是中国扩大和深化对外开放的需要，也是加强和亚欧非及世界各国互利合作的需要，中国将在力所能及的范围内承担更多的责任和义务，为人类和平发展做出更大的贡献。当前，已有100个国家和经济体积极参与，成为“一带一路”建设的支持者、建设者和受益者。同时，国内各部委、各地方政府、企事业单位以及民间组织等也都在积极行动，为“一带一路”建设贡献力量。

“一带一路”建设实施需要许多支持系统保障，气象服务保障作为一个基础性的支持系统，是“一带一路”建设实施支持系统的一个重要组成部分，做好气象服务保障是“一带一路”建设客观需要。一是“一带一路”建设安全需要气象服务保障。气象灾害始终是威胁“一带一路”建设安全的重要因素，“一带一路”国家大多处在自然灾害多发频发地区，灾害种类多，分布地域广，发生频率高，造成损失重。“一带一路”建设安全实施，最大限度地减轻气象灾害威胁，需要准确的气象监测预报、及时的灾害预警、主动的气象服务、科学的防范应对。因此，做好气象防灾减灾保障工作，对“一带一路”建设安全具有不可替代的作用。二是“一带一路”建设效益发挥需要气象适时服务。“一带一路”建设是一个持续的过程，特别是以构建现代交通体系为重点，着力构建现代化交通网络系统，实现交通一体化、空陆水立体化，这就迫切需要加强区域交通气象观测、预报、预警系统建设。要求在气象预报预警准确率和精细化程度提高的水平上，开展更具有针对性的影响预报、风险预警及致灾预评估。特别是面向“一带一路”的现代交通、能源、物流、旅游、保险等领域都需要高水平的气象服务保障，提升这些领域的运行效率和效益，必须具有更高质量更高水平的气象服务保障。

2. 中国气象发展服务国家大局的责任

“一带一路”建设已经成为中国全面开放的大局，既然“一带一路”建设已经对气象服务提出了客观需求，中国气象服务就有责任为“一带一路”建设提供有力的支撑

和保障。

目前，“一带一路”沿线国家均设有气象机构，但气象业务能力以及服务内容和水平差异较大。既有新加坡等气象科技比较发达的气象业务服务，也有印度尼西亚、马来西亚、越南等气象科技水平处于中等水平的情况，更多为东南亚、南亚和中亚的气象科技处于较低水平的国家，特别是中国周边国家气象资料获取手段仍较为落后，自动观测设施和现代化探测手段缺乏，针对专业用户的预报能力不足，气象服务能力和手段难以满足防灾减灾和应对区域气候变化的需求。虽然中国气象服务整体水平与发达国家有一定差距，但也具有较明显的特色和优势，尤其在公共基础支撑、公众气象服务、决策气象服务、专业气象服务及气象装备等方面都具有一定的竞争力。

大气无国界，中国气象事业在世界气象大家庭中始终发挥着重要作用。积极做好“一带一路”气象服务的关键是发挥好自身优势、合理规避劣势，从而把握住真正的机会。建立“一带一路”气象安全保障线，提升中国和沿线国家的综合防灾减灾、生态文明保障、应对气候变化等能力，服务于中国在沿线国家实施的各项重大工程项目，是“一带一路”倡议的基本需求。气象服务可为沿线国家发展和中国企业在海外发展提供决策、运行管理、风险管控等方面的依据和参考。同时，为“一带一路”建设提供气象服务也是落实2015－2030年仙台减轻灾害风险框架、巴黎协定、从千年目标走向可持续发展以及全球气候服务框架等国际计划的要求。因此，为“一带一路”建设提供气象服务，既是我国开放大局的需求，也是执行世界气象发展计划的行动，还是中国担当大国责任，彰显中国实力的重要体现。

进入新时代，国家提出了“一带一路”倡议，为切实做好“一带一路”气象服务保障工作。中国气象局制定发布了《气象“一带一路”发展规划（2017—2025年）》，明确提出了陆上以沿线中心城市为支撑，为重点经贸产业园区提供气象服务，与沿线国家就新亚欧大陆桥、中蒙俄、中国－中亚－西亚、中国－中南半岛等国际经济合作走廊共同提供气象服务保障；海上以重点港口为节点，气象服务保障通畅、安全、高效的运输大通道；大力提升中巴经济走廊、孟中印缅经济走廊气象防灾减灾与公共服务的能力，提供优质气象服务保障。到2025年，面向“一带一路”建设的综合气象观测体系基本完善，卫星技术得到广泛应用，沿线重点区域观测站网基本建成。展现了中国气象服务在“一带一路”建设中作为和愿景。

3. 中国气象发展的新机遇

“一带一路”建设为中国气象服务能力提升带来了新挑战和新机遇。“一带一路”建设紧紧围绕“政策沟通、设施联通、贸易畅通、资金融通、民心相通”来推进，将推动和影响沿线区域公路、铁路、航空、航海、农业、气象、旅游、能源、水文、生态等行业的深度融合和发展。

“一带一路”建设涉及区域广，沿线地区具有气候类型多样、自然条件较差、气象灾害种类多、影响重等特点。复杂多变的气象条件将直接影响“一带一路”倡议的顺利实施，这给气象保障与服务带来了新挑战和新机遇。其中沿线地区面临气候变化及气象灾害的严峻威胁，对气象综合防灾减灾提出新任务；沿线各类综合交通和能源战略通道等重点工程的建设对气候可行性论证和气象灾害风险评估提出了新要求；交通运输和物流发展、历史文化、生态旅游区等，对气象监测预报预警等公共服务信息提出更加精准的服务需求；生态气象监测与评估、制定应对气候变化对策、风能、太阳能、水能等气候资源和清洁能源的开发利用，以及运行保障等均离不开强有力的气象服务支撑。

气象部门积极参与“一带一路”建设，一方面可以利用自身优势为域内经济发展提供防灾减灾保障，另一方面可借助域内气象服务需求推动中国气象服务的国际化发展。气象服务国际化是中国气象产业发展的必然趋势，积极对接“一带一路”倡议，搭乘产业出海发展之船，将有效促进中国气象在服务能力、产业融合、国际化水平等方面实力的提升。

(二)“一带一路”气象服务保障能力建设的重点

“一带一路”气象服务保障能力建设是一项系统工程，涉及内容非常广泛，从广义上讲“一带一路”气象服务保障能力建设应不限于“一带一路”气象服务保障设施建设，它还应包括“一带一路”气象服务保障前期研究和“一带一路”气象服务保障机制建设。

1.“一带一路”气象服务保障前期研究

这是“一带一路”气象服务保障能力建设基础和前提。前期研究，首先需要弄清“一带一路”国家和地区天气气候情况，“一带一路”跨越的地理范围很广，几乎包括了全球上所有的气候带，天气和气候条件非常复杂，而不同的天气和气候条件对气象服务保障建设具有不同的要求，而且建成后所提供的气象服务内容也有很大差别。其二，研究弄清“一带一路”国家和地区气候风险，为有针对性开展“一带一路”气象服务保障建设提供科学依据。其三，研究和分析“一带一路”国家和地区现行气象服务能力和水平，各国家现行气象服务能力和水平差别很大，有的达到或接近发达国家的水平，但大多数则比较落后，不同的国家和地区对气象科技发展则有不同需求，这也成为各国开展合作的基础和条件。其四，主动与世界气象计划接轨，在共商共建共享原则下，研究提出“一带一路”气象服务保障行动计划或方案。

2.“一带一路”气象服务保障设施建设

改革开放以来，中国气象现代化实现了快速发展，已经跻身于世界先进行列。中国在气象服务保障设施建设方面已具有扎实的基础和丰富的实践经验，在“一带一路”气象服务保障能力建设中有的可以复制、有的可以借鉴、有的可以再创新。在进行“一带一路”气象服务保障能力建设前期大量研究的基础上，中国气象局按照充分发挥气象观测、预报预测、防灾减灾、应对气候变化、开发利用气候资源等优势，服从和服务于国家全方位对外开放的整体部署，推动气象与“一带一路”沿线各国深度融合的原则，提出了“一带一路”气象服务保障设施建设的具体内容，主要包括“一带一路”气象观测体系建设、“一带一路”气象预报预测体系建设、“一带一路”气象服务体系建设和“一带一路”气象创新体系建设。我国制定的《气象“一带一路”发展规划（2017—2025年）》已经提出“一带一路”气象服务保障设施建设愿景，包括加强气象监测网络建设、加强与沿线国家气象数据共享、建立形成以“一带一路”为重点的全球天气气候一体化预报业务、强化面向全球的气象服务、加强应对气候变化和服务生态文明保障、推动气象科技联合业务融通等建设。

依据《气象“一带一路”发展规划(2017—2025年)》，中国气象局就“一带一路”气象监测预报和服务等设施建设，分别制定了《“一带一路”沿线国家和地区的气象观测站网布局方案》《“一带一路”沿线国家和地区的气象预报业务布局方案》《“一带一路”沿线国家和地区的气象服务保障布局方案》。

3.“一带一路”气象服务保障机制建设

“一带一路”气象服务保障建设不是个别国家的行动，必须使“一带一路”国家和地区协同起来，共同推进“一带一路”气象服务保障建设，这就必须解决好机制问题，而且应当优先于气象服务保障基础设施建设。按照中国提出的“一带一路”倡议，“一带一路”气象服务保障机制建设总的原则，一是开放包容，共建共享。充分尊重“一带一路”沿线国家发展需求，加强与沿线国家的气象业务科研合作，不断拓展合作的广度和深度，共同推进气象基础设施、信息资源、科技成果、服务技术的共建共享和互联互通，发挥优势，形成合力，让共建成果惠及更广泛的区域，实现共同繁荣发展。二是突出重点，稳步实施。以政策沟通、设施联通、贸易畅通、资金融通、民心相通为精神要旨，契合气象特点，深化我国气象与“一带一路”沿线国家和地区的合作，看准选好优先领域和关键项目，重视风险防控，集中力量突破，稳步推进，全面服务和保障“一带一路”建设。三是统筹协调，多方联动。坚持政府引导，积极统筹国家、地方、社会和市场的力量，注重与已批准实施的经济社会相关规划相衔接，促进“一带一路”沿线国家间气象事业协调发展，促进硬件建设和软实力同步发展，促进气象业务能力和气象服务能力均衡发展。

在以上原则的指导下，中国气象部门既可通过世界气象组织，也可以通过区域气象组织，还可能通过双边和多边已经形成的合作机制，促进建立“一带一路”气象服务保障建设的共商机制、共建机制和共享机制，建立形成常态化的共商平台和制度；共商建立或采用气象工程项目设计、研发以及技术、气象技术装备等应用气象标准，为共建“一带一路”气象服务保障设施建设创造条件；共商达到气象资源、气象数据、气象信息和气象技术共享机制，促成气象共享常态化机制化。

根据“一带一路”气象服务保障能力建设的内容，本研究着眼于“一带一路”倡议实施的整体发展愿景，立足于全球气候变化及气象科学技术发展的现实，以“服务发展、保障安全”为基本原则，重点从提升“一带一路”合作国之间防灾减灾能力、促进绿色发展、保障民生安全等诸方面考虑，并依据《气象保障“一带一路”发展规划(2017—2025年)》，分析了“一带一路”各国的气候条件和气候风险，对气象科技服务能力和水平进行了诊断，并遵循共商共建共享原则，从气象服务保障“一带一路”建设的气象监测、气象预报、气象服务、气象开放合作方面，研究提出了措施及建议。

第三章 “一带一路”沿线气候与气候风险

“一带一路”建设客观上需要气象服务保障服务，但“一带一路”气象服务保障服务涉及的天气和气候状况则十分复杂，范围包括沿线亚洲（东亚、中亚、西亚、南亚和东南亚）和欧洲（中欧、东欧和南欧）65 个国家和地区，其天气和气候的复杂可以说远超出任何一个国家的情况。为“一带一路”建设提供达到世界先进水平的气象服务，“一带一路”国家之间必须加强共商与合作，共同推进气象服务保障系统建设，但研究分析“一带一路”沿线的天气、气候和气候风险是推进气象服务保障建设的基础性工作。

一、“一带一路”沿线天气气候概况

从总体上讲，“一带一路”沿线国家和地区，主要分布在亚洲和欧洲区域，亚洲区域气候类型特别复杂，各种气候类型都有。欧洲区域的气候类型没有亚洲复杂，大抵上划分有中东欧温带气候、西北温带海洋性气候、南部地中海气候和东部温带大陆性气候。

（一）“一带一路”亚洲区域的天气气候

“一带一路”亚洲区域涉及 44 个国家，又分为东亚、中亚、西亚、南亚和东南亚 5 个区域。从总体上划分，亚洲区域主要气候类型有：中南半岛主要属热带季风气候，马来半岛属热带雨林气候，印度尼西亚属热带雨林气候，菲律宾北部属海洋性热带季风气候，南部属热带雨林气候。东亚是世界上季风气候最典型的地区，其特点是夏季炎热多雨，冬季温和湿润，降水的季节变化和年际变化大；中亚（欧亚大陆腹地），属于典型的温带沙漠、草原大陆性气候，年降水量多在 100～400 毫米，总体呈东部和西部少、中部多的空间分布特征；西亚主要的气候类型是热带沙漠气候和温带大陆性气候；南亚大部分地区属热带季风气候，一年分热季、雨季和旱季，全年高温。

1. 东亚地区

东亚是亚洲东部的简称 ，“一带一路”涉及的东亚有中国和蒙古 2 个国家。东亚是世界上季风气候最典型的地区，其特点是夏季炎热多雨，冬季温和湿润，降水的季节变化和年际变化大。东部沿海地区季风气候显著，是世界上最典型的亚热带、温带季风气候区，即东亚季风区，气候湿润温和；西部内陆地区温带大陆性气候典型，属干旱、半干旱气候区；青藏高原地区为高寒山地气候区。

——中国。中国位于亚洲东部，跨纬度较广，距海远近差距较大，地形类型及山脉走向多样。从气候类型上看，有温带季风气候、亚热带季风气候、热带季风气候、热带雨林气候、温带大陆性气候和高原山地气候等气候类型，从南到北跨热带、亚热带、暖温带、中温带、寒温带气候带。

——蒙古。蒙古国大部分地区属大陆性温带草原气候，季节变化明显，冬季长，常有大风雪；夏季短，昼夜温差大；春、秋两季短促。常年平均气温为 1.56℃。冬季最低气温可至－50℃，夏季戈壁地区最高气温达 40℃以上。每年有一半以上时间为大陆高气压笼罩，是世界上最强大的蒙古高气压中心，为亚洲季风气候区冬季“寒潮”的源地之一。降水很少，年平均降水量约 120～250 毫米。

2. 中亚地区

中亚即亚洲中部地区，狭义的中亚国家包括六国，即“一带一路”涉及的哈萨克斯坦、乌兹别克斯坦、土库曼斯坦、塔吉克斯坦、吉尔吉斯斯坦和阿富汗 6 个国家。中亚距海较远，属于典型的温带沙漠、草原大陆性气候。雨水稀少，极其干燥，一般年降水量在 300 毫米以下，年降水量多在 100～400 毫米；日光充足，蒸发量大，空气极其干燥和高温引起大量的蒸发，阿姆河三角洲水面的年蒸发量达 1798 毫米，即比这里的降水量大 21 倍；温度变化剧烈，许多地方白天最高气温与夜晚最低气温之间可相差 20～30℃。

——哈萨克斯坦。哈萨克斯坦属大陆性气候，1 月平均气温－19～－4℃，7 月平均气温 19～26℃。降水量，北部 300～500 毫米，荒漠地带 100 毫米左右，山区 1000～2000 毫米。北部和里海地区均可接受来自海洋的水汽。

——乌兹别克斯坦。乌兹别克斯坦属严重干旱的大陆性气候。夏季漫长、炎热，7 月平均气温为 26～32℃，南部白天气温经常高达 40℃；冬季短促、寒冷，1 月平均气温为－6～－3℃，北部绝对最低气温为－38℃。年均降水量平原低地为 80～200 毫米，山区为 1000 毫米，大部分集中在冬春两季。

——土库曼斯坦。土库曼斯坦位处亚洲大陆的中心处，因此属于典型的温带大陆性气候，是世界上最干旱的地区之一。年平均温度为 14～16℃，日夜和冬夏的温差很大，夏季气温长期高达 35℃以上，冬季气温也可以低至－33℃。年降水量则由西北沙漠的 80 毫米，递增至东南山区的每年 240 毫米，雨季主要在春季（1 月至 5 月）。科佩特山脉是全国降雨量最高的地区。

——塔吉克斯坦。塔吉克斯坦全境属典型的大陆性气候，春、冬两季雨雪较多；夏、秋季干燥少雨。高山区随海拔高度增加大陆性气候加剧，南北温差较大。全境属典型的大陆性气候，1 月平均气温－2～2℃；7 月平均气温为 23～30℃。年降水量 150～250 毫米。帕米尔山西部终年积雪，形成巨大的冰河。

——吉尔吉斯斯坦。吉尔吉斯斯坦属温带大陆性气候，四季分明，夏季炎热干燥，冬季比较寒冷；昼夜温差大；全年少雨，晴天多，大风少。年降水量200～800毫米，高山1000毫米以上，是中亚最为湿润的地区。平均气温分布呈东部和西部高、中部低，在盛夏7月，除山区外平均气温一般在26～32℃，在1月，平均气温－6℃。

——阿富汗。阿富汗属大陆性气候，四季分明，昼夜温差较大。全年干燥少雨，年温差和日温差均较大，冬季严寒，北部和东北部地区最低气温为－30℃以下。夏季酷热，东部城市贾拉拉巴德最高气温可达49℃。全国年平均降雨量只有240毫米。首都喀布尔气候宜人，四季分明，全年平均气温13℃左右。

3. 西亚地区

“一带一路”涉及的西亚有伊朗、伊拉克、土耳其、叙利亚、约旦、黎巴嫩、以色列、巴勒斯坦、沙特阿拉伯、也门、阿曼、阿联酋、卡塔尔、科威特、巴林、塞浦路斯、格鲁吉亚、亚美尼亚、阿塞拜疆19个国家。西亚大部分地区属于热带沙漠气候，终年受副热带高压或低纬信风控制，盛行下沉气流。主要气候特点为终年炎热干旱，蒸发旺盛，降水稀少，水资源短缺，草原和沙漠广布。西亚沙漠平均气温都在20℃以上，最热月7月平均气温超过30℃，最冷月1月平均气温也多在15～24℃。南部地区更加酷热，年平均气温为28.9℃，有四五个月的月平均气温超过30℃，最高气温常可达50～55℃。西亚年降水量多在250毫米以下，降水较多地区一般也不超过500毫米，仅山地和地中海沿岸地带降水较丰富。地中海东岸为冬雨夏干的地中海式气候。阿拉伯半岛等地降水稀少，是世界著名的干燥气候区。

——伊朗。伊朗属大陆性气候。四季分明，北部春夏秋季较为凉爽，冬季较为寒冷，南部夏季炎热、冬季温暖。伊朗大部分地区的冬季温暖和湿润，降水也往往形成于此，这和北下的冷空气有关系。这就是伊朗1—4月(即冬季)降水多的原因。夏天的时候，伊朗由于处于副热带高压的控制下，气温很高，且降水不多。

——伊拉克。伊拉克夏季最高气温高达50℃以上，冬季最低气温为0℃左右。年平均降雨量由南至北为100～500毫米，北部山区达700毫米。伊拉克常年刮西北风，冬季凉爽、多雨，空气潮湿，夏季炎热干燥。首都巴格达市夏季7月、8月温度45℃左右，冬季1月温度为4℃。每年6—9月为最干燥的季节，月平均降雨量为1毫米。最湿润的季节在3月，平均降雨量为28毫米。

——土耳其。土耳其气候类型变化很大，南部沿海地区属亚热带地中海式气候，内陆为大陆型气候。东南部较干旱，中部安纳托利亚高原比较凉爽。一般来说，土耳其的夏季长，气温高，降雨少；冬季寒冷，寒流带来了降雪和冷雨。

——叙利亚。叙利亚沿海和北部地区属亚热带地中海气候，南部地区属热带沙漠气候。四季分明，沙漠地区冬季雨量较少，夏季干燥炎热。最低气温0℃以下，最高气温达40℃左右。年平均降水量沿海地区1000毫米以上，南部地区仅100毫米。

——约旦。约旦西部高地属亚热带地中海型气候，气候温和，平均气温1月为

7～14℃，7 月为 26～33℃。约旦西部山区和约旦河谷地区年降水量在 380～630 毫米，而东部沙漠地区气候恶劣，日夜温差大，干燥，风沙大，年降水量少于 50 毫米。

——黎巴嫩。黎巴嫩属热带地中海型气候。沿海一带夏季气候炎热潮湿，冬季温暖，高山地区积雪可达 4～6 个月，大部分地区 10 月—次年 4 月为雨季。沿海平原和贝卡谷地 7 月平均最高气温为 32℃，1 月平均最低气温分别为 7℃和 2℃。年平均降水量 1000 毫米左右，山区为 1200 毫米以上。

——以色列。以色列为地中海气候，夏季漫长、炎热、少雨，冬季相对较为短暂、凉爽、多雨。夏季炎热干燥，最高气温 39℃；冬季温和湿润，最低气温 4℃左右。气候的状况在以色列国内各地也有相当大的差异，并且会因为各地高度、纬度以及与地中海的距离而变化。海岸平原夏季湿热，冬季略冷有雨，在山丘区域偶有小雪。在约旦山谷区域夏季干燥炎热，南方区域则属半干燥型气候，白天暖热，夜晚凉爽。

——巴勒斯坦。巴勒斯坦属亚热带地中海气候，夏季炎热干燥，最热月份为 7—8 月，气温最高达 38℃左右。冬季微冷湿润多雨，平均气温为 4～11℃，最冷月份为 1 月。雨季为 12 月至次年 3 月，南北雨量悬殊，最北部平均降水量 900 毫米，最南部仅 50 毫米左右。

——沙特阿拉伯。沙特阿拉伯西部高原属地中海气候，其他地区属热带沙漠气候。夏季炎热干燥，最高气温可达 50℃以上；冬季气候温和。年平均降雨不超过 200 毫米。

——也门。也门南部属热带干旱气候，一年分凉热两季，4—10 月为热季，平均气温 37℃，11—3 月为凉季，平均气温为 27℃，年降雨量为 50 毫米。北部气候种类较多，东面缓坡伸向鲁卜哈利沙漠，是沙漠和半沙漠地区，气候干燥，炎热少雨；中央高原，海拔 1500～4000 米高，气候凉爽；西部红海沿岸地区，气候炎热而潮湿，夏季气温一般在 35～40℃，湿度一般为 80%～90%，年降水量在 400 毫米以下。

——阿曼。阿曼除东北部山地外，均属热带沙漠气候。全年分两季，5 月至 10 月为热季，气温高达 40℃以上；11 月至翌年 4 月为凉季，气温约为 24℃。年平均降水量 130 毫米。

——阿联酋。阿联酋位于阿拉伯半岛东部，地形以平原为主。阿拉伯联合酋长国属热带沙漠气候，夏季炎热干燥（5—10 月），气温高达 40.6～48.2℃；冬季（11 月—翌年 4 月）气温 8～20℃，偶有沙暴。平均降水量约 100 毫米，多集中于 1—2 月间。

——卡塔尔。卡塔尔属热带沙漠气候，炎热干燥，沿岸潮湿。四季不很明显，4—10 月为夏季，是一年中最长的季节。7—9 月气温最高，可达 45℃，冬季凉爽干燥，最低气温 7℃。年平均降水量仅 75.2 毫米。

——科威特。科威特属热带沙漠型气候。夏季漫长，常刮西风，干燥，气温 45℃，最高达到 52℃，沥青路面 80℃；紫外线、紫外线 B 和红外线水平 60%。冬季短暂，最低气温可低至 0℃，常刮南风，降雨量 108 毫米。春夏季多见沙尘暴。

——巴林。巴林属热带沙漠气候，夏季炎热、潮湿，7—9 月平均气温为 35℃。冬季温和宜人，11 月至次年 4 月气温在 15～24℃之间。年平均降水量 77 毫米。

——塞浦路斯。塞浦路斯属亚热带地中海型气候，夏天干热，冬天温湿，全年有阳光辐射的天数达 300 天右。雨季通常在 11 月至翌年 3 月之间。最冷的月份是 1 月，最低温度 6℃，最高温度是 13℃；最热的月份是 8 月，最低温度是 21℃，最高温度是 36℃。

——格鲁吉亚。格鲁吉亚西部为湿润的亚热带海洋性气候，东部为干燥的亚热带气候。1 月平均气温 3～7℃，8 月平均气温 23～26℃。各地气候垂直变化显著，海拔 490～610 米地带为亚热带气候，较高处气候偏寒；海拔 2000 米以上地带为高山气候，无夏季；3500 米以上终年积雪，并有冰川。年降水量西部 1000～3000 毫米，东部 300～800 毫米。

——亚美尼亚。气候随地势高低而异，由干燥的亚热带气候逐渐变成寒带气候。地处亚热带北部的内陆气候干燥，亚热带高山气候。1 月平均气温－2～12℃；7 月平均气温 24～26℃。

——阿塞拜疆。阿塞拜疆气候呈多样化特征，中部和东部为干燥型气候，东南部降雨较为充沛。首都巴库紧邻里海，冬季温暖，1 月平均气温为 4℃，7 月为 27.3℃。北部与西部山区气温较低，夏季平均气温为 12℃，冬季为－9℃。境内大部分地区全年降水量 500 毫米左右，但少数地区，如高加索山脉的高海拔区，以及东南部的连科兰平原全年降雨量可达 1000 毫米左右。大部分地区夏天为旱季，干燥少雨；秋末至次年春季为雨季，部分地区有降雪。

4. 南亚地区

南亚是亚洲的一个亚区，泛指喜马拉雅山脉以南的地域。“一带一路”涉及的南亚有印度、巴基斯坦、孟加拉、斯里兰卡、马尔代夫、尼泊尔和不丹 7 个国家。南亚大部分地区属热带季风气候，一年分热季、雨季和旱季，全年高温。1 月该地区北部气温在 10～20℃，南部超过 20℃以上；7 月大部分地区气温在 20～30℃，西北部高达 30℃以上。南亚地区的年降水量区域差异很大，印度半岛西岸、恒河中下游及布拉马普拉特河流域和德干高原东北部等地年降水量在 2000 毫米左右，恒河上游及高原中部在 500～1000 毫米之间，印度河中下游及塔尔沙漠，年降水量在 500 毫米以下。南亚大部分地区位于赤道以北和北纬 30°以南，除印度西北部和巴基斯坦南部属热带沙漠气候外，其他大部分地区属热带季风气候。南亚季风气候的形成，与海陆热力性质差异、气压带风带的季节性移动以及青藏高原的地形作用等都有密切关系。

——印度。印度全境炎热，大部分属于热带季风气候，而印度西部的塔尔沙漠则是热带沙漠气候。夏天时有较明显的季风，冬天则无较明显的季风。印度气候分为雨季(6—10 月)、旱季(3—5 月)与凉季(11 月—次年 2 月)，冬天时受喜马拉雅山脉屏障影响，没有寒流或冷高压南下影响印度。

——巴基斯坦。除南部属热带气候外，其余属亚热带气候。南部湿热，受季风影响，雨季较长；北部地区干燥寒冷，有的地方终年积雪。年平均气温27℃。

——孟加拉。大部分地区属亚热带季风气候，湿热多雨。全年分为冬季(11月至翌年2月)，夏季(3—6月)和雨季(7—10月)。年平均气温为26.5℃。冬季是一年中最宜人的季节，最低温度为4℃；夏季最高温度达45℃，雨季平均温度30℃。

——斯里兰卡。斯里兰卡接近赤道，终年如夏，年平均气温28℃，受印度洋季风影响，西南部沿海地区湿度大。年平均降水量1757毫米(2017年)。风景秀丽，素有“印度洋上的明珠”之称。

——马尔代夫。马尔代夫位于赤道附近，具有明显的热带气候特征，无四季之分。年降水量2143毫米，年平均气温28℃。日平均最高温度31℃，最低温度26℃。

——尼泊尔。全国分北部高山、中部温带和南部亚热带三个气候区。北部冬季最低气温为−41℃，南部夏季最高气温为45℃。每年的4—9月是雨季(夏季)，其中4月、5月气候尤其闷热，最高温常达到36℃，傍晚会有雷阵雨；雨季在6月底来临，从5月起便开始降雨作为雨季的前奏，持续到9月底，达三个月之久。这段时间东部因为迎西南季风，所以雨量最为丰沛。

——不丹。不丹地处亚热带，根据不丹的地形特点，全国大致可分为三个气候区，即北部高寒气候区，中部温带气候区和南部亚热带气候区。北部高寒气候区气压低，空气稀薄缺氧，气候严寒，冬长无夏，年平均气温1～4℃，全年0℃以下的气温日在200天以上，−20～−30℃的低温亦较常见。本区年隆水量300～500毫米，大部分属降雪。中部温带气候区全年可分四季，年平均气温8～12℃，夏季最热月(6月)，平均约20℃。年降水量800～2000毫米。南部亚热带气候区气候炎热，空气潮湿，季风常伴着大雨，雨量充沛，年降水量2000～5000毫米，年平均相对湿度达70%～80%，年平均气温14℃。

5.东南亚地区

东南亚地处热带，包括中南半岛和马来半岛两部分。“一带一路”涉及的东南亚有新加坡、马来西亚、印度尼西亚、缅甸、泰国、老挝、柬埔寨、越南、文莱和菲律宾10个国家。中南半岛主要属热带季风气候，终年高温，年平均气温在20℃以上；年降水量在1000毫米以上，主要降水集中在雨季。马来半岛属热带雨林气候，终年高温多雨，月平均气温在25～28℃，年降水量在2000毫米以上。印度尼西亚属热带雨林气候，年均气温25～27℃，年降水量在2000毫米以上。菲律宾北部属海洋性热带季风气候，南部属热带雨林气候，气温通常介于21℃至32℃之间，年降水量在2500毫米左右。

——新加坡。属热带海洋性气候，常年高温潮湿多雨。年平均气温24～32℃，日平均气温26.8℃，年平均降水量2345毫米，年平均湿度84.3%。

——马来西亚。马来西亚因位于赤道附近，属于热带雨林气候和热带季风气候，无明显的四季之分，一年之中的温差变化极小，平均温度在26～30℃之间、全年雨量充沛，3—6月以及10月至次年2月是雨季。内地山区年均气温22～28℃，沿海平原为25～30℃。

——印度尼西亚。印度尼西亚是典型的热带雨林气候，年平均温度25～27℃，无四季分别。北部受北半球季风影响，7—9月降水量丰富，南部受南半球季风影响，12月、1月、2月降水量丰富，年降水量1600～2200毫米。

——缅甸。缅甸大部地区属热带季风气候，年平均气温27℃。曼德勒地区极端最高气温逾40℃。1月为全年气温最低月份，平均气温为20℃以上；4月是最热月，平均气温30℃左右。6—9月是雨季，降雨量因地而异，内陆干燥区500～1000毫米，山地和沿海多雨区3000～5000毫米。

——泰国。泰国属于热带季风气候。一年三季，分别是热季(2月中旬至5月中旬)、雨季(5月下旬至10月中旬)和凉季(11月至次年2月中旬)，常年温度不下18℃，温差在19～38℃之间，平均气温为28℃左右，平均年降水量约1000毫米。湿度在66%～82.8%之间。

——老挝。属热带、亚热带季风气候，5—10月为雨季，11月至次年4月为旱季，年平均气温约26℃。老挝全境雨量充沛，近40年来年降水量最少年份为1250毫米，最大年降水量达3750毫米，一般年份降水量约为2000毫米。

——柬埔寨。柬埔寨属热带季风气候，年平均气温29～30℃，5—10月为雨季，11月—次年4月为旱季，受地形和季风影响，各地降水量差异较大，象山南端可达5400毫米，金边以东约1000毫米。

——越南。地处北回归线以南，属热带季风气候，高温多雨。年平均气温24℃左右。年平均降雨量为1500～2000毫米。北方分春、夏、秋、冬四季。南方雨旱两季分明，大部分地区5—10月为雨季，11月至次年4月为旱季。

——文莱。有33个岛屿，属热带雨林气候，受季风影响，终年炎热多雨。年均气温28℃，年降雨量为2000毫米。

——菲律宾。属季风型热带雨林气候，高温多雨，湿度大，台风多。年均气温27℃，年平均湿度高达77%，年降水量2000～3000毫米。每年6—10月是雨季，3—5月天气炎热干燥，12月—翌年2月天气凉爽，温度适宜，平均气温25～28℃。菲律宾由于受到地理位置、季风以及地形的影响，同一岛上的气候也会因区域不同而有所差别。

(二)“一带一路”欧洲区域的天气气候

“一带一路”欧洲区域涉及21个国家，又分为西欧、南欧、中欧、东欧4个区域。从总体上划分，欧洲气候类型主要有：西欧为温带海洋性气候，南欧为地中海气候，东欧中欧及其他大部为温带大陆性气候。

1. 中欧地区

中欧是指欧洲中部,“一带一路”涉及的中欧有波兰、捷克、斯洛伐克、匈牙利4个国家。中欧处在温带气候带,气候类型分布为中欧西部部分地区为温带海洋性气候,东部为温带大陆性湿润气候。气温适中,气温变化不大,最冷的1月份平均在0℃左右,山区约－10℃;夏季平均在20℃,最热月份为6—8月。整体上平均气温7月14～19℃,1月－5～1℃。年降水量500～1000毫米。

——波兰。波兰属于由西欧海洋性气候向东欧大陆性气候过渡的地带。根据波兰1971—2000年平均气温分布图,波兰各地的年平均气温在6℃(东北部)到9℃(西南部)之间。年降水量在450～1300毫米。1月份平均气温－5～－1℃,7月份17～19℃。

——捷克:属北温带,典型温带大陆性气候。四季分明,夏季平均气温约25℃,冬季平均气温约－5℃,气候湿润,年均降水量674毫米。

——斯洛伐克:属海洋性向大陆性气候过渡的温带气候,四季交替明显。全国平均气温9.8℃,最高气温36.6℃,最低气温－26.8℃。年降水量500～700毫米,山区1000毫米以上。

——匈牙利:属大陆性气候,凉爽湿润,全年平均气温为10.8℃,夏季平均气温21.7℃,冬季平均气温－1.2℃,年平均降水量约为630毫米。

2. 东欧地区

东欧是指欧洲东部,“一带一路”涉及东欧有俄罗斯、乌克兰、白俄罗斯、摩尔多瓦、爱沙尼亚、拉脱维亚和立陶宛7个国家。东欧气候以温带大陆性气候为主。东欧距温暖的大西洋较远,冬季严寒,夏季温暖,春秋季较短,年温差大。全区最冷月均气温在0℃以下,夏季因地处内陆,北部平原地区气温不足20℃,南部地区超过20℃;该地区年雨量约为500毫米,且由西向东递减。

——俄罗斯。俄罗斯国土面积广大,跨北寒带、亚寒带、北温带、亚热带四种气候带,各地气候千差万别。但大部分地区处于北温带,以大陆性气候为主,冬天漫长、干燥而寒冷,夏季短暂而温暖,春秋时节转眼即逝,气温年较差大,降水偏少,雨量变率大。1月气温平均为－5～－40℃,7月气温平均为11～27℃。

——乌克兰。受大西洋暖湿气流影响,大部分地区为温带大陆性气候。1月平均气温－7.4℃,7月平均气温19.6℃;夏季,全国绝大部分地区最高气温为36℃和39℃,而冬季最低气温在东部地区为－40℃左右,在南部地区为－30℃。年降水量东南部为300毫米,西北部为600～700毫米,多集中在6月、7月。乌克兰干旱天气平均每2～3年出现一次。

——白俄罗斯。白俄罗斯气候属温带大陆性气候,境内温和较湿润,年降水量为550～700毫米。1月平均气温－6℃,7月平均气温18℃。

——摩尔多瓦。摩尔多瓦属于温带大陆性气候。年均降水量为400～550毫米,水灾在摩尔多瓦是常见的自然灾害。摩尔多瓦冬季少雪，常常出现阴雨天气。摩尔多瓦北方年平均气温为8℃，南方为10℃。1月平均气温北方为－5℃，南方为－3℃；7月北方为20℃，南方为25℃。

——爱沙尼亚。爱沙尼亚气候属海洋性气候，气候受海洋影响明显，春季凉爽少雨，夏秋季温暖湿润，冬季寒冷多雪；年均气温6.8℃，冬季平均气温－5.2℃，夏季平均气温17.7℃，年平均降水量500～700毫米。

——拉脱维亚。拉脱维亚气候属海洋性气候向大陆性气候过渡的中间类型。1月平均气温－4.6℃，7月平均气温21.4℃，夜晚平均气温11℃。平均年降水量732毫米。湿度大，全年约有一半时间为雨雪天气。

——立陶宛。立陶宛属海洋性向大陆性过渡气候。冬季较长，多雨雪，日照少；夏季较短而且凉爽，日照时间较长。1月平均气温－1℃，7月平均气温19℃。

3.南欧地区

南欧是指欧洲南部，也称为地中海欧洲，因为大多南欧国家靠近地中海。“一带一路”涉及的南欧有希腊、斯洛文尼亚、克罗地亚、塞尔维亚、波黑、黑山、马其顿、阿尔巴尼亚、罗马尼亚和保加利亚10个国家。南欧大部分地区气候属于典型的地中海气候，冬季温和多雨，夏季炎热干燥。南部半岛和岛屿地区更为典型，大西洋气团占优势，夏季为热带气团，冬季为温带气团。南部1月平均气温为2～10℃，7月为23～26℃。

——希腊。希腊属亚热带地中海气候。平均气温冬季0～13℃，夏季23～41℃。希腊属典型的亚热带地中海气候，夏季干燥，冬季温和多雨。平均降水量为400～1000毫米。

——斯洛文尼亚。斯洛文尼亚气候分山地气候、大陆性气候和地中海气候。夏季平均气温21.3℃，夏季十分炎热；冬季平均气温－0.6℃，冬季寒冷干燥；年平均气温10.7℃。

——克罗地亚。克罗地亚沿海为地中海气候，内陆逐渐向温带大陆性气候过渡。特殊的地理使克罗地亚境内呈现两种不同的气候类型，沿海地区为地中海气候，内陆地区则是四季分明的大陆性气候。

——塞尔维亚。塞尔维亚北部属温带大陆性气候，南部受地中海气候影响。冬季寒冷，夏季炎热。7－8月气温最高35℃，平均气温为25～28℃；冬季1—2月气温最低－10℃左右，平均气温0～5℃。雨量充沛，年均降雨量550～750毫米。

——波黑。波黑南部属地中海气候，北部属温带大陆性气候。南部1月平均气温为6.3℃，7月27.4℃，北部1月平均气温－0.2℃，7月22.7℃。年平均气温11.2℃。

——黑山。黑山气候依地形自南向北分为地中海气候、温带大陆性气候和山地气候。1月平均气温－1℃，7月平均气温28℃。年平均气温13.5℃，谷地气候温和。

年平均降水量为 1798 毫米。冬季寒冷多雨，夏季炎热干燥。

——马其顿。马其顿气候以温带大陆性气候为主，大部分农业地区夏季最高气温达 40℃，冬季最低气温达－30℃，西部受地中海气候影响，夏季平均气温 27℃，全年平均气温为 10℃。

——阿尔巴尼亚。阿尔巴尼亚属亚热带地中海海洋性气候。降雨量充沛，年均为 1300 毫米。夏天干燥。一年中 7 月份最热，平均气温 24℃，最高达 41.5℃；最冷为 1 月份，平均气温 7 度，最低达－10℃。

——罗马尼亚。罗马尼亚温带大陆性气候。平均气温 1 月为－3～5℃，7 月为 22～24℃，年平均温度在 10℃左右；年降雨量约为 660 毫米，春末和夏初为多雨季节。

——保加利亚。保加利亚北部属大陆性气候，南部属地中海气候。平均气温 1 月－2～2℃，7 月 23～25℃。年平均降雨量在 450～600 毫米(山地达 1300 毫米)。

(三)全球气候带总体特征

天气和气候是一个全球问题，由于“一带一路”倡议的开放性和全球性，气象服务保障必须按照全球观测、全球预报和全球服务的理念，才能满足“一带一路”建设的服务需要需求。因此，建设“一带一路”气象服务保障系统，还应当认识和把握以下全球气候带总体特征。

(1)热带雨林气候主要分布在赤道附近，如马来群岛、亚马孙平原、刚果盆地和几内亚湾沿岸等地区，其特点为常年高温多雨，气温年较差小，各月平均温在 25～28℃，年降水量大多在 2000 毫米以上，全年分配比较均匀。

(2)热带草原气候主要分布在热带雨林气候区南北两侧，这里年平均气温高，但气温年较差略大于热带雨林气候，年降水量大多在 400～1500 毫米之间，有明显的干湿季之分，离赤道越远，干季越长，因而降水量也越少。

(3)热带季风气候分布在南亚和中南半岛等地，其特点为全年高温，最冷月平均温也在 18℃以上，降水与风向有密切关系，冬季盛行来自大陆的东北风，降水少，夏季盛行来自印度洋的西南风，降水丰沛，年降水量大部分地区为 1500～2000 毫米，但有些地区远多于此数。

(4)热带沙漠气候分布在南北回归线附近的大陆内部或大陆西岸，其特点为年平均温度高，年温差较大，日温差更大，降水稀少，年降水量普遍在 250 毫米以下，许多地区只有数十毫米，甚至数毫米，降水变率很大，常常连续数年不下雨。

(5)亚热带季风气候分布在大陆东岸的亚热带地区，这里冬季不冷，1 月平均温度普遍在 0℃以上，夏季较热，7 月平均温度一般为 25℃左右，冬夏风向有明显变化，年降水量一般在 1000 毫米以上，主要集中在夏季，冬季较少。这类气候以中国东南部最为典型。其他地区，由于冬季也有相当数量的降水，冬夏干湿差别不大，因此被称为亚热带季风性湿润气候。

(6)地中海气候分布在大陆西岸的亚热带地区，以地中海沿岸地区最为典型，故名。这类气候的特点是冬季温和，夏季炎热或暖热，降水主要集中在冬季，夏季干旱，因此又称为亚热带夏干气候。

(7)温带海洋性气候分布在大陆西岸的温带地区，其特点为冬季不冷(1 月平均温度在 0℃以上)，夏季不热(7 月平均温度在 22℃以下)，全年都有降水，年降水量一般在 1000 毫米左右，在地形有利的地方可达 2000 毫米以上或更多。

(8)温带季风气候分布在中国秦岭、淮河以北的东部地区，朝鲜和日本的北部，以及西伯利亚东部沿海地区，其特点为夏季温暖，冬季较冷，年降水量 500～1000 毫米，主要集中在夏季，冬夏温差由南向北增大，降水量由南向北减少。

(9)温带大陆性气候分布在亚欧大陆和北美大陆内部，由于全年在大陆气团控制下，冬冷夏热，气温年较差大，降水少，年降水量都在 500 毫米以下，在大陆中部形成干燥或半干燥气候；而大陆北部，则由于纬度偏高，冬季寒冷、漫长，夏季温凉、短促，蒸发不旺，降水虽少，但不干旱，形成特殊的亚寒带针叶林气候。

(10)极地气候分布在亚欧大陆和北美大陆的北部边缘地区、格陵兰岛、北冰洋诸岛和南极洲。在大陆边缘地区，冬季长而寒，但夏季最热月平均温度可达 10℃，苔藓、地衣是这里的典型植物，故又称为苔原气候；格陵兰岛、北冰洋诸岛和南极洲等地的绝大部分地区，终年在冰雪覆盖下，最热月平均温度也不超过 0℃，因此被称为冰原气候。

——极地长寒气候。分布在北美大陆和亚欧大陆的北部边缘(南以最热月 10℃等温线与亚寒带大陆性气候相接)、格陵兰岛沿海的一部分及北冰洋中的若干岛屿；在南半球则分布在马尔维纳斯群岛、南设得兰群岛和南奥克尼群岛等地。其特征是：全年皆冬，一年中只有 1～4 个月月平均气温在 0～10℃之间，冬季酷寒而漫长；年降水量约 200～300 毫米，以雪为主；地面有永冻层，只有地衣、苔藓等低等植物。

——极地冰原气候。分布在极地及其附近地区，包括格陵兰、北冰洋的若干岛屿和南极大陆的冰原高原。这里是北冰洋气团和南极气团的发源地，整个冬季处于永夜状态，夏半年虽是永昼，但阳光斜射，所得热量微弱，因而气候全年严寒，各月温度都在 0℃以下；南极大陆的年平均气温为－25℃，是世界上最寒冷的大陆，1967 年挪威人曾测得－94.5℃的极端最低气温，堪称世界“寒极”。地面多被巨厚冰雪覆盖，又多凛冽风暴，植物难以生长。

(11)高山气候可能出现在任何纬度，其特点是气温和降水都有垂直变化，气温随高度的增加而降低，降水在一定高度范围内随高度增加而增加，超过这一高度则随高度的增加而减少。

(12)亚寒带针叶林气候。这种气候出现在 50°～65°N 之间，呈带状分布，横贯北美和亚欧大陆。具体来说，在北美从阿拉斯加经加拿大到拉布拉多和纽芬兰的大部分；在亚欧大陆西起斯堪的纳维亚半岛(南部除外)，经芬兰和俄罗斯西部(南界在圣彼得堡—高尔基城—斯维尔德洛夫斯克一线)至俄罗斯东部(除南部以外)。北部以最热月 10℃等温线为界。这一带的气候主要受极地海洋气团和极地大陆气团的影响,并为极地大陆气团的源地。在冬季,北极气团侵入机会很多;在暖季,热带大陆气团有时也能伸入。该类气候的主要特征是:冬季漫长而严寒,每年有 5～7 个月平均气温 0℃以下,并经常出现－50℃的严寒天气;夏季短暂而温暖,月平均气温在 10℃以上,高者可达 18～20℃,气温年较差特别大;年降水量一般为 300～600 毫米,以夏雨为主。因蒸发微弱,相对湿度很高。

二、“一带一路”沿线气候风险分析

“一带一路”沿线正处在世界环太平洋和北半球中纬度两大自然灾害多发地带,涵盖沿线亚欧非 100 多个国家、地区以及国际组织,沿线城镇和居民点密集,重大自然灾害严重威胁着人们的生命、财产安全,制约经济社会发展,并将严重影响“一带一路”建设,也将影响人们对“一带一路”构建“人类命运共同体”的信心。自然灾害是影响和制约区域可持续发展的重要因素,推进“一带一路”建设,必须对沿线国家和地区的自然灾害及气候风险有清晰认识。

(一)“一带一路”沿线气候风险概述

“一带一路”建设贯穿亚、欧、非三大洲,沿线不同国家和地区的自然环境差异很大,跨越高寒、高陡、高地震烈度区及太平洋和印度洋季风区,孕灾环境脆弱、灾害影响因素多样、成灾机理复杂。

1.“一带一路”气候风险概况

据 EM-DAT 灾害数据库记录(见表 3.1),1990—2010 年全球发生 7200 余次自然灾害,而“一带一路”地区就发生了 2774 次,占全球自然灾害的 38.5%;“一带一路”发生自然灾害中有 2333 次与气象相关,与气象相关的自然灾害占 77.7%,显然“一带一路”的气候风险所占比重很大。20 年间,“一带一路”自然灾害造成了 100 多万人口死亡,38 亿人次受伤,经济损失高达 6137 多亿美元。

表 3.1 1990—2010 年“一带一路”地区自然灾害灾情

灾害类型	发生频次(次)	死亡人数(人)	受伤人数(人)	经济损失(百万美元)
洪水	1131	81806	2131946462	195822.02
干旱	94	3126	892082288	31844.63
地震	330	600574	96998448	244985.69
极端温度	181	20496	80553139	24976.05
泥石流	234	12495	3954596	1444.69

续表

灾害类型	发生频次(次)	死亡人数(人)	受伤人数(人)	经济损失(百万美元)
风暴	693	280168	539939356	81456.58
火山爆发	31	860	1573074	225.26
森林火灾	70	624	4209259	11965.19
其他	10	2622	49313274	21036
合计	2774	1002771	3800569896	613756.11

2.“一带一路”气候风险比较

为提高对“一带一路”沿线国家和地区综合自然灾害风险评估的全面性和科学性，依据《世界自然灾害风险图集》中地震、滑坡、火山、洪水、风暴潮、台风、沙尘暴、干旱、热害、冷害、野火 11 种自然灾害灾种的致灾因子强度，通过建立年期望综合致灾因子强度指数，利用该指数表达各致灾因子的危险度。为定量评价沿线国家和地区的自然灾害风险，通过建立基于自然因素(致灾因子强度指数)及人文因素(灾害应对能力)的综合自然灾害脆弱性模型，特别关注沿线国家地区因自然灾害死亡人口、GDP 损失两大影响因素，以实现对致灾强度和抗灾能力的综合考虑，使灾害风险评估的模型和结论更具科学性。根据此模型，通过对“一带一路”沿线的 61 个国家和地区的综合灾害风险进行评估和排名(见表 3.2)，基本结论如下。

——评估结果表明，“一带一路”沿线地区是全球自然灾害高风险区域。“一带一路”沿线覆盖了全球强频发的地震带、多种地表灾害的高发区，相关风险指标明显高于全球平均风险；“一带一路”沿线区域包括地震、滑坡、火山、洪水、风暴潮、台风、沙尘暴、干旱、热害、冷害、野火 11 种自然灾害在内的综合自然灾害死亡人口、影响人口、GDP 损失率年期望明显高于全球；台风、洪水、风暴潮、沙尘暴、干旱、热害、冷害、野火等综合气象灾害年期望也明显高于全球。其中综合自然灾害年期望值，死亡人口率较全球高 0.14 人/十万人、影响人口率 415 人/十万人、GDP 损失率 0.71%；综合气象灾害年期望值，死亡人口率较全球高 0.24 人/十万人、影响人口率 240 人/十万人、GDP 损失率 0.47%(见表 3.3)。

——“一带一路”沿线国家和地区的综合自然灾害风险评估排名。在排名涉及的 65 个国家和地区中，综合自然灾害年期望死亡人口率，菲律宾(25.02 人/百万人·年)、孟加拉国(22.81 人/百万人·年)、越南(15.73 人/百万人·年)分别排在前三位；中国居第 15 位(3.27 人/百万人·年)；综合自然灾害年期望受影响人口率，菲律宾(6079 人/十万人·年)、孟加拉国(5430 人/十万人·年)、越南(3615 人/十万人·年)排在前三位，中国居第 10 位(1378 人/十万人·年)；综合自然灾害年期望 GDP 损失率，老挝(2.45%/年)、缅甸(2.34%/年)、吉尔吉斯斯坦(1.96%/年)排在前三位，中国居第 20 位(1.01%/年)(见图 3.1)。

表 3.2 "一带一路"国家综合自然灾害年期望死亡人口率、受影响人口率、因灾 GDP 损失率排名

排名	国家	死亡人口率（人/百万人·年）	排名	国家	受影响人口率（人/十万人·年）	排名	国家	GDP损失率（%）
1	菲律宾	25.02	1	菲律宾	6079	1	老挝	2.45%
2	孟加拉国	22.81	2	孟加拉国	5430	2	缅甸	2.34%
3	越南	15.73	3	越南	3615	3	吉尔吉斯斯坦	1.96%
4	老挝	11.25	4	老挝	3034	4	塔吉克斯坦	1.96%
5	缅甸	10.95	5	不丹	2929	5	蒙古	1.82%
6	印度	6.36	6	缅甸	2452	6	哈萨克斯坦	1.79%
7	不丹	6.22	7	尼泊尔	1933	7	印度尼西亚	1.72%
8	柬埔寨	6.10	8	印度	1907	8	土库曼斯坦	1.69%
9	泰国	5.64	9	柬埔寨	1732	9	不丹	1.66%
10	尼泊尔	5.11	10	中国	1378	10	越南	1.62%
11	阿拉伯联合酋长国	4.64	11	斯里兰卡	1329	11	菲律宾	1.56%
12	斯里兰卡	4.36	12	泰国	1178	12	柬埔寨	1.49%
13	印度尼西亚	3.69	13	吉尔吉斯斯坦	956	13	马来西亚	1.46%
14	马来西亚	3.34	14	塔吉克斯坦	889	14	文莱达鲁萨兰国	1.25%
15	中国	3.27	15	阿富汗	828	15	乌兹别克斯坦	1.25%
16	土耳其	2.90	16	印度尼西亚	821	16	伊朗伊斯兰共和国	1.08%
17	吉尔吉斯斯坦	2.87	17	格鲁吉亚	794	17	孟加拉国	1.06%
18	黑山	2.84	18	巴基斯坦	739	18	俄罗斯联邦	1.05%
19	塔吉克斯坦	2.79	19	波斯尼亚和黑塞哥维那	697	19	科威特	1.01%
20	阿尔巴尼亚	2.72	20	乌兹别克斯坦	693	20	中国	1.01%
21	亚美尼亚	2.38	21	阿尔巴尼亚	688	21	泰国	0.97%
22	格鲁吉亚	2.35	22	马来西亚	676	22	约旦	0.93%
23	波斯尼亚和黑塞哥维那	2.34	23	亚美尼亚	672	23	伊拉克	0.90%
24	文莱达鲁萨兰国	2.34	24	马其顿王国	649	24	黑山	0.89%
25	马其顿王国	2.09	25	阿塞拜疆	633	25	也门共和国	0.88%
26	阿富汗	2.05	26	阿拉伯叙利亚共和国	624	26	尼泊尔	0.84%
27	巴基斯坦	1.95	27	约旦河西岸和加沙	559	27	阿富汗	0.84%
28	阿塞拜疆	1.92	28	黎巴嫩	554	28	阿拉伯联合酋长国	0.79%
29	希腊	1.92	29	黑山	543	29	阿曼	0.77%

续表

排名	国家	死亡人口率（人/百万人·年）	排名	国家	受影响人口率（人/十万人·年）	排名	国家	GDP损失率（%）
30	伊朗伊斯兰共和国	1.85	30	土耳其	519	30	沙特阿拉伯	0.74%
31	塞尔维亚	1.76	31	摩尔多瓦	515	31	阿拉伯叙利亚共和国	0.73%
32	黎巴嫩	1.76	32	罗马尼亚	493	32	格鲁吉亚	0.72%
33	克罗地亚	1.74	33	克罗地亚	491	33	土耳其	0.72%
34	斯洛文尼亚	1.73	34	土库曼斯坦	477	34	印度	0.71%
35	罗马尼亚	1.59	35	乌克兰	474	35	拉脱维亚	0.66%
36	保加利亚	1.58	36	伊朗伊斯兰共和国	458	36	巴基斯坦	0.65%
37	约旦河西岸和加沙	1.56	37	约旦	450	37	白俄罗斯	0.63%
38	阿拉伯叙利亚共和国	1.55	38	哈萨克斯坦	435	38	爱沙尼亚	0.63%
39	乌兹别克斯坦	1.55	39	也门共和国	431	39	希腊	0.63%
40	伊拉克	1.47	40	保加利亚	396	40	阿尔巴尼亚	0.61%
41	斯洛伐克共和国	1.46	41	伊拉克	394	41	亚美尼亚	0.61%
42	摩尔多瓦	1.43	42	俄罗斯联邦	372	42	波斯尼亚和黑塞哥维那	0.59%
43	匈牙利	1.38	43	蒙古	359	43	斯里兰卡	0.57%
44	以色列	1.38	44	白俄罗斯	344	44	马其顿王国	0.54%
45	乌克兰	1.34	45	拉脱维亚	332	45	阿塞拜疆	0.52%
46	白俄罗斯	1.33	46	立陶宛	324	46	立陶宛	0.50%
47	捷克共和国	1.33	47	波兰	310	47	克罗地亚	0.49%
48	拉脱维亚	1.28	48	斯洛伐克共和国	298	48	斯洛文尼亚	0.48%
49	立陶宛	1.24	49	塞尔维亚	295	49	保加利亚	0.48%
50	波兰	1.24	50	捷克共和国	257	50	以色列	0.47%
51	俄罗斯联邦	1.21	51	匈牙利	245	51	塞尔维亚	0.46%
52	哈萨克斯坦	1.12	52	文莱达鲁萨兰国	179	52	乌克兰	0.45%
53	爱沙尼亚	1.07	53	阿曼	174	53	罗马尼亚	0.44%
54	蒙古	1.05	54	以色列	174	54	匈牙利	0.38%
55	阿曼	0.94	55	沙特阿拉伯	171	55	斯洛伐克共和国	0.37%
56	也门共和国	0.94	56	爱沙尼亚	168	56	波兰	0.36%
57	沙特阿拉伯	0.79	57	斯洛文尼亚	130	57	捷克共和国	0.35%
58	土库曼斯坦	0.67	58	希腊	114	58	摩尔多瓦	0.35%

续表

排名	国家	死亡人口率(人/百万人·年)	排名	国家	受影响人口率(人/十万人·年)	排名	国家	GDP损失率(%)
59	科威特	0.56	59	科威特	71	59	黎巴嫩	0.29%
60	约旦	0.52	60	阿拉伯联合酋长国	60	60	塞浦路斯	0.21%
61	塞浦路斯	0.48	61	塞浦路斯	34	61	约旦河西岸和加沙	0.20%

注:综合风险评价精度为0.5°×0.5°,因新加坡、巴林、卡塔尔、马尔代夫、西奈半岛五个国家(地区)小于最小评价单元,故未进行综合自然灾害风险评价。

表3.3 “一带一路”沿线国家与全球综合自然和气象灾害风险对比

风险 / 区域	综合自然灾害年期望			综合气象灾害年期望		
	死亡人口率(人/十万人)	影响人口率(人/十万人)	GDP损失率(%)	死亡人口率(人/十万人)	影响人口率(人/十万人)	GDP损失率(%)
“一带一路”国家平均风险	0.67	1619	1.91	0.48	1048	0.93
全球平均风险	0.53	1204	1.20	0.24	808	0.56
风险比较	0.14	415	0.71	0.24	240	0.47

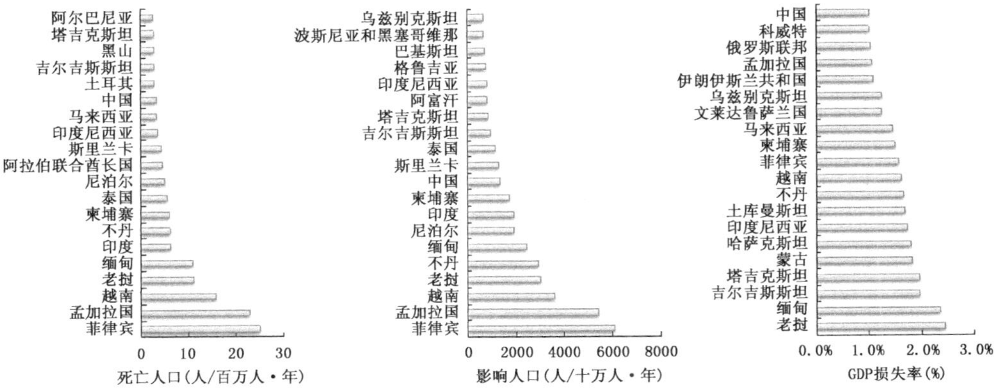

图3.1 “一带一路”地区综合自然灾害年期望死亡人口率、影响人口率、GDP损失率排名(前20名)

(二)“一带一路”区域气候风险概况

亚太地区处在“一带一路”地区的重要位置,“一带一路”区域气候风险,根据灾害数据统计出各地区的主要灾害见表 3.4。2013 年世界银行的一份专项研究报告显示:亚洲地区在过去 20 年中,因地震、海啸、台风、洪水等巨灾,造成的经济损失高达 4350 亿美元,受灾人口达 16 亿,占到全球巨灾损失的六成。瑞士再保险公司的 SIGMA 报告指出:2014 年全球自然灾害与人为灾难造成的经济损失总额为 1099 亿美元,其中亚洲占了 47%,达到了 517 亿。从地区差异情况看,亚太地区遭遇巨灾的风险系数是北美的 9 倍,更是欧洲的 67 倍。

表 3.4 “一带一路”各地区主要自然灾害分布

地区	主要灾害
东亚	地震、洪涝、风暴、滑坡
中亚	干旱、洪涝、极端天气、地震
南亚	洪涝、地震、风暴、滑坡
西亚	地震、洪涝、干旱、风暴
东南亚	风暴、洪涝、地震、流行性疾病
中东欧	极端天气、洪涝、干旱、风暴

1. 东亚地区

东亚 1990—2010 年发生灾害次数约为 491 次,超过 19 万人因灾死亡,造成 4110 多亿美元经济损失(见图 3.2),其中地震灾害最严重,累计已有 15 万余人死亡,超过了灾害总死亡人口的 80%,洪灾仅次于地震,超过了总死亡人数的 12%,风暴类灾害致死约占 4.7%,其余自然灾害合占 3.3%。从直接经济损失角度分析,地震仍占首位,其次是洪涝灾害占了近三分之一。就东亚整个区域而言,地震是东亚破坏程度最大的自然灾害,2008 年发生在中国四川汶川县的 8.0 级特大地震灾害导致超过 6 万余人遇难,37 万余人受伤,1.7 万余人失踪,以及 8400 多亿元人民币经济财产损失。此次特大破坏性地震还对地表造成了严重破坏,直接触发了区域性的滑坡、山崩、泥石流以及堰塞湖等次生灾害,对区域性生态系统的安全维护构成了致命威胁。而地震带的分散性分布造成中国西部的地震频发,对于工业的发展布局十分不利,对重大工程建设也构成严重威胁。

沿海地区台风频发常引发暴雨、洪涝灾害,若防范不及时将造成农田及基础设施的严重破坏。西北内陆影响最大的灾害是干旱,水资源的匮乏造成人畜饮水的严重缺乏,将严重影响工农业的持续发展。

2. 中亚地区

20 年间中亚沿线国家发生 150 余次自然灾害,年均发生灾害次数约 7.85 次,因

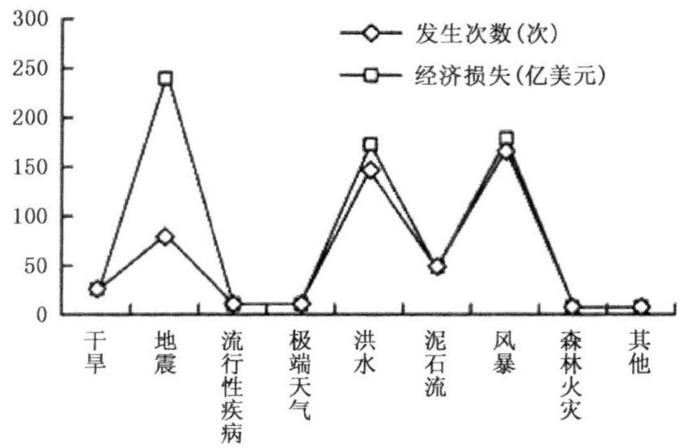

图 3.2 东亚自然灾害情况分布

灾死亡 3000 余人,约 831 万人受灾,灾害造成的经济财产损失达到 21.3 亿美元。由图 3.3 显示,中亚发生自然灾害的次数相对于其他地区较少,洪涝占据灾害首要位置,期间共发生 45 次,造成 1670 余人死亡,80 多万人受灾,灾害造成的经济损失超过了 7.38 亿美元,地震、干旱受灾人数也超过了 25 万人。中亚各国主要采用的还是一种“俄罗斯模式”的灾害管理体制,但基础设施还达不到该体制相关要求,受灾情况比较严重。

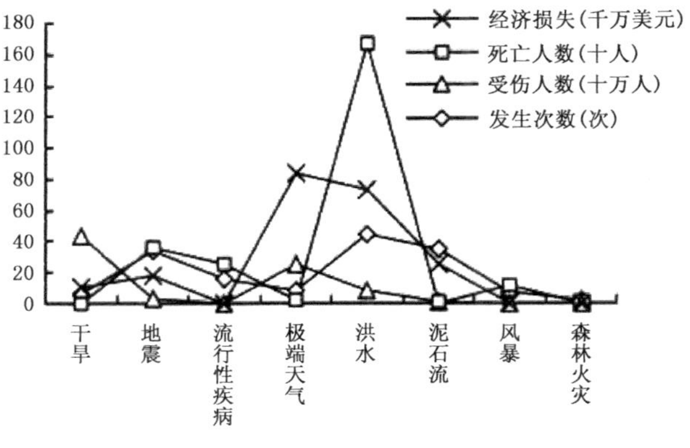

图 3.3 中亚自然灾害情况分布

中亚地区以温带草原大陆性气候和温带沙漠气候为主,气候干燥酷热,水汽蒸发量大。2000 年 8 月—2001 年 8 月,乌兹别克斯坦持续大旱,共计 6 万余人受灾,人畜饮水困难极为凸显,加上植被较少,突遇洪涝时损失十分惨重。1992 年 5 月 25 日,塔吉克斯坦因突发暴雨引发洪水,1300 余人死亡,6.3 万人在这次洪水中受灾,洪水造成的损失也达到了 3 亿多美元。

中亚地区洪水灾害一定程度上受过度干旱引发,干旱造成地质疏松,若突遇稍强降水，泥石流和洪涝等次生灾害就可能发生。干旱的最直接原因是持续高温，沙漠在这里广泛分布，日最高温度可能超过60℃，加上中亚常年受到战乱不利影响，经济发展及医疗状况落后，传染病多发也是一大亟待解决的问题。

3. 南亚地区

20年间南亚共发生各类灾害624余次，年均发生灾害31.2余次，因灾致死超过24万人，经济损失超过500亿美元。图3.4显示，洪水和风暴仍是南亚地区的主要灾害，发生次数均超过100次，占灾害总数的60.4%。地震、洪水、风暴、极端温度致死人数均超过了1万人，仅地震就造成15万余人死亡，这与南亚部分地区位于地震带有关。洪水带来的经济损失最为严重，达到了265亿美元。而风暴、干旱、地震等灾害导致的经济损失均超过100亿美元。

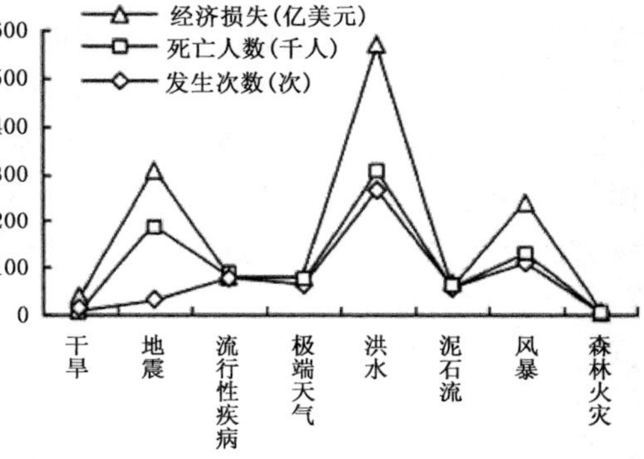

图3.4　南亚自然灾害情况分布

南亚地区的主要气象灾害有洪涝和风暴，夏季受到印度夏季风从印度洋上带来诸多水汽的影响，容易产生暴雨灾害。2015年12月2日，印度太米尔纳德邦突受21世纪以来最强暴雨袭击，大范围的洪涝灾害由此引发，灾害造成数千民众流离失所，大多数工厂倒闭，而作为印度首府的钦奈国际机场也在此次重大暴雨中被迫长期停运。冬季，来自西伯利亚的干冷空气吹向印度半岛，降水较少，易形成干旱。由巨灾造成的破坏与损失更加无法估量，统计20年间南亚巨灾发生就有13次。

4. 西亚地区

西亚1990—2010年近20年间发生大小灾害次数总数约为306次，因灾致死人数超过12万人，约9千万人受伤，5.4亿美元经济财产受到损失。由图3.5显示，其中因地震造成的死亡人口最多，洪涝灾害次之，其中地震导致的死亡人口占总数的94%。从直接经济损失的角度来看，地震总损失超过3亿美元，占总经济损失比例60%，洪涝、旱灾、风暴等灾害依次占17.8%，12.9%，7.6%。

西亚地区由于受到副热带高压的控制，降水较少，沙漠气候广泛分布，偏北部地

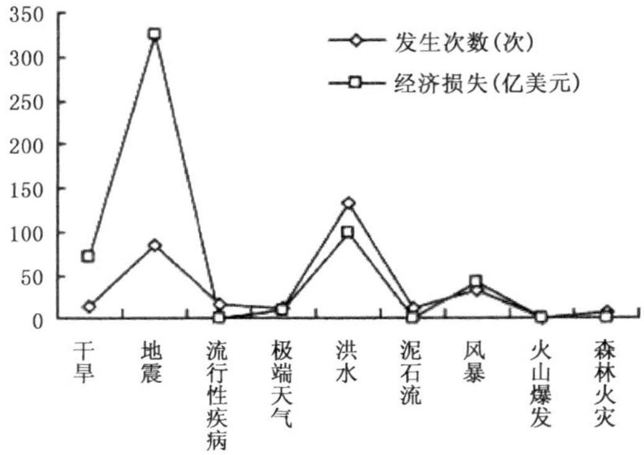

图 3.5 西亚自然灾害情况分布

区为温带大陆性气候，高温少雨，水资源的匮乏对农作物的生长影响很大，因此灌溉对于农业生产有很大作用。虽然西亚全年高温少雨，却不易造成旱灾，造成较严重灾害影响的是地震灾害。2003 年 12 月 26 日，伊朗巴姆突发 6.6 级大地震，约有 2.6 万人在本次地震中死亡，3 万人受伤，灾后重建设施高达数千万美元。

西亚与中亚都表现为一种高温干旱的气候，但是由于西亚储存着丰富的石油资源，经济水平较中亚偏高，居民居住区基础设施建设得较好，但在非居住区的环境依然恶劣，高温、缺水仍是较普遍现象，对于经济发展也较为不利。

5. 东南亚地区

“一带一路”涉及了 11 个东南亚国家，国土覆盖面积高达 449.47 万平方千米。东南亚国家 20 年间发生自然灾害 860 余次，占亚洲灾害总数 34.6%，年平均发生灾害约 43 次，超过 46 万人在灾害中受伤，直接经济损失估计超过了 489 亿美元。由图 3.6显示，该地区自然灾害以洪水和风暴为主，占东南亚总灾害比例的 65.8%。

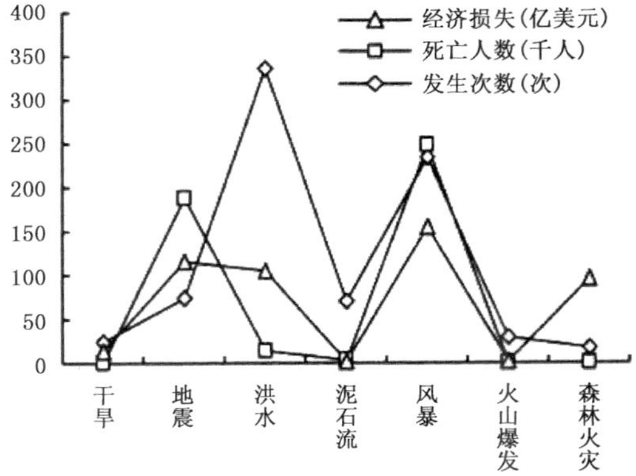

图 3.6 东南亚自然灾害情况分布

20 年间东南亚发生巨灾 5 次。2004 年 12 月 26 日发生于印尼苏门答腊岛的 9.0 级地震最为严重，地震还引发了海啸，本次灾害造成超过 29.2 万人死亡（包含失踪），直接经济损失超过百亿美元。

由于该地区受极端天气影响，引起了泥石流和洪水等地质灾害的发生数量增多。2010 年 10 月，东南亚连遭台风袭击，泰国近四分之三领土被洪水侵袭，超过 81 万公顷农田受灾，大量稻田颗粒无收。由于东南亚地区地理位置处于喜马拉雅地震带和环太平洋地震带的连接地带，地震灾害对该区域经济发展造成了极大阻碍。20 年间发生的 70 余次地震中，超过 18.8 万人死亡，约 754 万人受伤，约 115.3 亿美元的经济受到损失。

6. 中东欧地区

近 20 年间中东欧地区发生自然灾害约 450 次，因灾致死超过 1.2 万人，造成 234.2 亿美元的直接经济损失。高温、洪涝、风暴灾害造成的死亡人数最多，占死亡总人数的 76.8%，风暴次之，占 43.0%。从直接经济损失角度分析，洪涝造成的经济损失最严重，累计超过 120 亿美元，其次由干旱和风暴灾害造成的经济财产损失相当，各约占 10%，其余自然灾害（高温、森林火灾等）造成的经济损失加起来不超过 3.7%。由图 3.7 显示，1990—1994 年 5 年间灾害发生次数较少，1994 年以后自然灾害发生次数明显上升，但后三个五年范围内灾害发生频率较为均衡，推测气候变化与全球变暖会有很大关联。

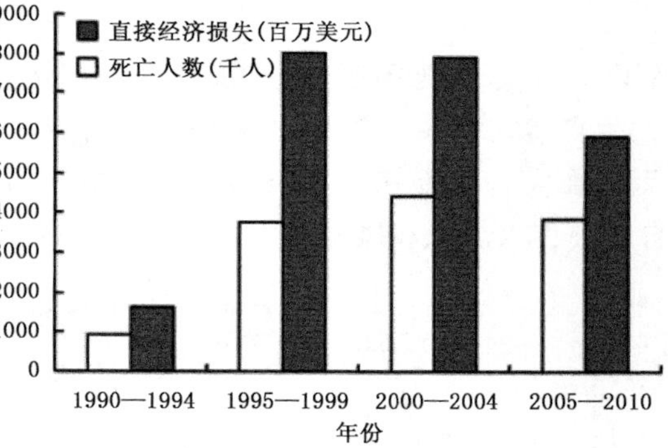

图 3.7　中东欧自然灾害死亡人数（人）、直接经济损失（百万美元）

中东欧地区冬冷夏热，年均温度差较大，降雨量偏少，突发性的地震较少，但高温、洪涝、风暴等自然灾害发生次数较多。由于中东欧国家年温差较大，极端天气成为该地区较为严重的灾害，夏季高温袭击以及北部冬季持续低温，对于农业生产和交通运输都产生了很大的影响。由于该地区人口众多，流行性疾病也偶有发生，从而因流行性疾病造成人口死亡。

(三)“一带一路”沿线气候风险特征

“一带一路”经过全球频发的地震带、多种地表灾害的高发区。沿线自然环境差异大,是世界上自然灾害种类最多、灾害危险最大、灾情最严重的区域,沿线区域的自然灾害和气候风险呈以下特征。

1. 特大地震频次高

“一带一路”沿线构造活动活跃,地震灾害频发。陆上丝绸之路经济带曾发生过1906年北天山玛纳斯8级地震、1911年阿拉木图8级地震、1920年海原8.5级地震、1927年古浪8级地震等巨大地震。海上丝绸之路跨越了板块边界带,曾发生过2004年苏门答腊—安达曼8.9级地震、2015年尼泊尔8.1级地震,均造成重大影响。

2. 地质灾害复杂

“一带一路”沿线地形差异大,地质灾害风险高,特殊的地质、地貌和气候条件影响基础设施建设。1981年西藏聂拉木县章藏布次仁玛错冰湖溃决泥石流,冲毁中尼边境上的友谊桥,造成尼泊尔200人死亡;2010年中巴公路巴基斯坦境内阿塔德巴德发生特大规模滑坡形成堰塞湖,掩埋和淹没公路25千米,导致中巴公路中断,严重影响中巴经贸以及中巴国防安全。

3. 极端气象水文灾害重

“一带一路”沿线是极端气象和水旱灾害多发、高发、重发区。“丝绸之路经济带”沿线的中亚以及欧亚大陆腹地的主要灾害有暴雨及其引发的洪水、泥石流等灾害,还有高温、干旱、暴风雪、低温和严寒等气象灾害。2008年初,暴风雪、严寒、低温和冰冻天气席卷欧洲东南部,经中亚至中国的多个国家和地区遭遇百年不遇的罕见严寒冰冻天气,导致逾千人死亡。2010年,巴基斯坦遭受近八十一年来最严重暴雨洪涝灾害,近1800人死亡。

4. 特大海洋灾害突出

“21世纪海上丝绸之路”沿线的东南亚和南亚主要灾害有台风、风暴潮、海啸、海浪、海冰、海平面上升等海洋灾害,其中影响最大的为台风和风暴潮。1970年11月12日,孟加拉特大风暴潮,造成超过30万人死亡,经济损失无法计量。2013年11月,超强台风“海燕”在菲律宾登陆,造成7250人死亡(失踪),在台风经过的地区,70%～80%的住房和建筑遭摧毁。

5. 气象灾害事件频发

主要气象灾害有暴雨洪涝、台风、高温干旱、低温寒潮及气象灾害引发的泥石流等地质灾害,其中影响最大的为台风、暴雨洪涝。2007年,南亚多国洪灾造成至少3000人死亡,6000多万人受灾,印度、孟加拉国、尼泊尔和巴基斯坦受灾尤为严重。

2010 年，巴基斯坦遭受近 81 年来最严重暴雨洪涝灾害，近 1800 人死亡。2012 年，连续 4 个月洪水使泰国 900 万人受灾，首都曼谷变水城。2013 年，印度北部 6000 余人在暴雨接连袭击中死亡失踪，印度西部遭受 40 年来最严重干旱。2013 年，超强台风“海燕”袭击菲律宾，造成 7250 人死亡(失踪)。

欧亚大陆腹地主要气象灾害有暴雨洪涝、高温、暴风雪、低温和严寒。2008 年初，暴风雪、严寒、低温、雨雪和冰冻天气席卷欧洲东南部经中亚至中国的区域，造成多个地区遭遇数十年乃至百年不遇的罕见严寒冰冻天气，导致逾千人死亡。2012 年初百年罕见寒流暴雪横扫欧亚，600 多人失去生命。

中东欧地区主要气象灾害有暴雨洪涝、高温热浪、暴风雪和寒流，其中暴风雪和寒流较其他几种气象灾害发生频率高。2007 年夏季，欧洲中部和南部受到严重高温热浪袭击，最高气温普遍超过 40℃，造成近 600 人死亡。2012 年底，欧洲中部和东部出现罕见寒流暴雪天气，部分地区出现百年来最低温度，造成东欧逾 650 人死亡。2013 年，连续暴雨致中欧经历了“世纪洪水”袭击。

第四章 “一带一路”气象服务保障发展状况

自“一带一路”倡议提出以来，得到了世界各国的广泛响应，“一带一路”建设在各国共商共建共享的原则下正在加快推进，气象服务保障的需求越来越突出。但“一带一路”国别气象服务保障水平差别很大，深入分析和充分认识“一带一路”国别气象服务保障现状和面临的问题，是各国合作推进“一带一路”气象服务保障建设的重要前提。

一、“一带一路”亚欧区域气象服务保障状况

复杂多变的气象条件将直接影响“一带一路”建设能否顺利实施，这对气象服务提出了很高要求。“一带一路”建设特别需要气象服务保障服务，但“一带一路”涉及的国家中气象服务体制各有不同，气象服务能力和水平有很大差异。

(一)“一带一路”亚洲区域气象服务保障水平

1.“一带一路”亚洲区域气象服务保障总体水平

“一带一路”亚洲国家气象服务保障能力，除中国外(中国单独为第二节)，有的已经达到或接近发达国家水平，有的则直接引进使用发达国家的气象服务保障技术，但大多数国家的气象服务保障能力比较弱，气象科学技术水平比较落后。东南亚各国气象服务水平总体较高，南亚各国气象服务发展水平差别很大，中亚各国气象服务发展不平衡状况很突出，西亚各国气象服务水平总体较高，各国均有较为完整的气象服务业务。

2.“一带一路”亚洲不同区域气象服务保障情况

主要包括除中国以外的东亚、中亚、西亚、南亚和东南亚五个区域气象服务保障水平现状。

——东亚地区。除中国外，蒙古气象和环境监测局隶属政府，该局提供公共气象服务、航空气象服务、农业气象服务、水文气象服务、早期预警服务以及气候变化相关业务服务。未来3～5年计划提升监测基础设施建设。

——中亚地区。中亚地区各国气象服务发展不平衡状况很突出。哈萨克斯坦、

乌兹别克斯坦基本建立了较为完整的气象服务业务，哈萨克斯坦国家气象部门基本采取商业气象服务形式，业务产品体系相对完整，服务能力较强。

哈萨克斯坦国家气象局，属于国有企业。主要开展水文和大气的监测预报和预警服务。哈萨克斯坦共和国国家水文气象局的常规免费服务主要是一些基本的天气实况和预测，其他服务均需通过商业途径获取。哈萨克斯坦国家气象局能提供的气象服务产品比较丰富，主要分为监测类产品和预报类产品。监测类产品包括雷电、温湿度、风向风速及周期变化、气压、土壤表层及地下温度、云量及形态、降水及其概率、积雪、结冰、雾凇、土壤冻结深度、霜冻开始和结束时间、水温、结冰厚度、海浪、水盐度、农作物相关气象条件、农业生产和保险公司所需的恶劣天气现象查询、各类要素的数据服务、环境污染、城市大气污染状况、环境放射性污染水平、水质、土壤质量等。预报类产品包括周预报、月预报、季度预报、火灾风险预测、城市空气污染气象条件预测、泥石流每日报告、每日滑雪报告、流域预期的水平衡信息、巴尔喀什湖河流的月度和年度流失预测、里海海平面波动(北部和平均里海)预测，以及农业气象预报，包括土壤水分、播种的最佳条件预测、粮食作物成熟及收割预测，农业气象十年报告等。

乌兹别克斯坦水文气象局主要开展农业、航空和其他经济部门的特殊水文气象服务工作。2011 年，中国气象局向吉尔吉斯斯坦水文气象局赠送中国气象局卫星数据广播系统(CMACast)接收站和气象信息综合分析处理系统(MICAPS)。

阿富汗气象服务受政治环境影响，主要由国际组织机构援助建设少数气象站，提供温度、气压、降水等较少的要素数据服务。

——西亚地区。西亚地区各国气象服务水平总体较高。其中以色列国家气象服务能力、技术水平很高，并向发展中国家提供气象技术培训。伊朗、科威特、阿曼、约旦、亚美尼亚、阿塞拜疆等国均有较为完整的气象服务业务。

伊朗国家气象局隶属伊朗道路与城市发展部，主要业务包括天气气候服务、水文和农业气象服务、交通及航空业服务，并提供国防和安全部门的相关风险管理服务。除基础性气象服务，伊朗国家气象局提供天气分析报告、气候资料和专业领域的商业化气象服务，用户可以通过登录方式订购或购买服务产品。基础性的气象服务产品包括短期、中期和长期大气和气候信息，如温度、湿度、气压、太阳能的辐射量、风速风向、云和雪、蒸发量、降水量等，主要用于研究项目和不同领域高层次的管理决策。气象应用领域的服务产品主要根据用户需求向用户和利益相关者提供，包括每日天气形势图、航空气象、海洋气象、雷达和卫星产品、农业气象、公告、季节性和周期性的出版物和气象台站的气象数据等。

土耳其国家气象局是土耳其境内唯一合法提供气象服务的机构。其主要职责包括提供天气预测、气候信息及数据、向公众传播气象信息、满足军队和民用气象需求。土耳其国家气象局提供的气象服务产品包括城市和景区天气预报、5 天预报、沙尘暴及环境预报、航海天气预报、码头天气预报、海表温度、浪高等。土耳其国家气象局使用一套 METU3 的海洋预报模式系统，以风速风向、波浪高度、波周期等参数开展地中海及附近区域的海洋预报服务。

约旦气象局负责发布天气预报，并在环境、交通、水利、能源、农业和建筑等领域提供不同的服务，主要开展空气环境质量监测，农业气象和水文预测；定期发布天气公报并给出预测；提供国内及国外部分地区的天气预测信息；开展气象研究和科学研究。

以色列气象部门目前提供气象卫星资料、气象雷达资料以及各类气象观测和探空资料，主要负责开展天气气候服务，气象科学研究以及气象为农服务，以确保人民生命和财产安全以及国家经济社会发展。以色列气象部门负责通过所有可用媒体（收音机、电视、报纸等）发布公共天气预报和警报，同时针对交通运输、农业、水资源管理、能源经济、环境等部门发布专项的预警预报服务，开展民用航空气象服务，目前已经建立、运行和维护一个全国性的气象站网络，确保气象观测的质量和准确性，以确保气候数据的可靠和准确，同时建立了基本气象和气候数据的国家数据库。

也门气象部门开展天气预报预警服务，航空气象服务以及农业气象服务，日常利用国家广播中心电视、广播等平台发送气象服务信息，同时还对风能、太阳能等可再生能源进行研究、开发和利用。

阿曼气象和航空总局负责开展阿曼境内的气象服务工作，阿曼国家气象部门2017 年发布了约 2000 次预测和 600 个区域航空公司的预测。阿曼气象部门制作发布一般天气预报和月度、年度天气报告，同时进行天气气候相关研究。气象部门负责向所有政府部门和私营部门提供气象信息、数据和应用方面的服务，以及提供实质性和技术性的合作。

阿联酋气象部门隶属于国家气象与地震中心，负责开展阿联酋的气象服务工作，对阿联酋境内的天气气候进行监测，并与国际上的气象数据进行交换。同时，阿联酋气象部门也利用先进的气象服务技术装备，服务于航空、海洋、农业、工业和石油等部门。

科威特气象部门隶属于科威特民用航空局，其主要职责包括提供全国天气预测、气候预测、向公众传播气象信息、满足航空气象需求等，提供卫星云图资料和雷达图形等。

巴林气象局隶属于巴林交通部，负责开展巴林全国气象服务等活动。巴林 1980 年加入世界气象组织，2001 年被选为第二区域协会主席（亚洲），巴林气象局为巴林政府、各部委、军队、民航、海洋等部门，以及国际水域、商业和工业和社会公众，提供气象咨询和信息服务。此外，还负责对巴林和本地区的气象及相关学科进行研究，并探讨气候变化的影响因素。巴林气象局提供常规天气预报产品，包括 1 天、3 天、5 天的要素预报，航空、海洋预报公报，此外还通过网站提供气象卫星云图、雷达拼图气象产品。

亚美尼亚水文气象部门主要负责提供水文气象服务，提供气象和水文预测和观测数据，研究河流、湖泊、水库水情，研究全球气候变化与不同经济领域的脆弱性，提供航空专用气象服务，开展气象和水文科学研究。

——南亚地区。南亚地区各国气象服务发展水平不平衡状况突出。其中印度、巴基斯坦、孟加拉国、斯里兰卡等国建有较为完整的气象服务业务，气象服务产品丰富，但也有一些国家或地区气象服务水平较低，服务产品种类少，服务形式主要以文字信息为主。

印度气象局主要业务范围包括气象、地震等事务。印度气象局是发展中国家中第一个拥有自己的地球同步卫星系统（INSAT）并应用于气象监测预警的国家。按地域分为六个区域气象中心，按业务分为气象中心、预测部、农业气象中心、洪水气象部、热带气旋预警中心以及区域热带气旋预警中心等。与美国、俄罗斯、英国等国家或地区建立了合作关系，并向尼泊尔、马尔代夫、斯里兰卡、孟加拉国输出气象技术与服务，是 WMO 认可的区域气象培训中心。气象服务产品涉及面广，服务内容包括农业、民航、气候、水文及洪水、环境、电信、天文、卫星、地震等。

巴基斯坦气象局隶属政府航空事务部门，下设三个区域中心，8 个业务中心（国家干旱监测中心、国家地震监测和海啸预警中心、地球物理中心、计算机数据处理中心、国家农业气象中心、国家气象预报中心、热带气旋警告中心、洪水预警中心）及气象与地球物理研究所等。主要提供包括航空气象服务、可再生能源资源评估、农业气象、干旱监测、水文、天文学和天体物理学、地震学以及地磁领域的服务和研究，还承担气候变化及其影响评估和适应战略领域的研究与服务。气象服务主要包括数据服务、航空预报和民航预警服务，洪水预报和预警服务、地震信息服务，工程服务、农业天气公报和预警服务、各个领域的公用事业和咨询服务、海洋气象预报和预警服务、空气污染监测服务等。巴基斯坦气象局现有地面观测站点约 100 个，主要是人工观测站，自动观测站约 20 个。中国气象局与巴基斯坦气象局有着良好的合作关系。自 2006 年双方签署气象科技合作谅解备忘录以来，已在天气与气候、数值天气预报、气象通信、气象研究、教育培训等多个领域展开合作。中国向巴基斯坦赠送安装了中国气象局卫星广播系统 CMACast 和气象信息综合分析处理系统 MICAPS，并派员进行本地化技术支持。巴基斯坦气象局局长在 2015 年 6 月对中国气象局的访问中建议中巴双方制定关于在“中巴经济走廊”沿线建设早期预警系统的计划，加强教育培训、气候研究等领域的合作，从而提供更优质的气象服务。

孟加拉国气象部门主要负责开展热带气旋、强雷暴/龙卷、暴雨、干旱等灾害天气的监测与预报，以及日常的天气预报、航空气象、农业气象的短期、中期和长期预报服务。此外，孟加拉国气象部门还通过利用雷达和卫星图像数据开展洪水预报和预警。

斯里兰卡气象部门提供天气预警，城市、海区、旅游天气预报，季节、气候预测，农业气象等服务产品。

马尔代夫气象局主要负责本国气象和地震预警预报服务，及时发布自然灾害警报并提供咨询，扩展和维护的气象观测网。马尔代夫气象局建有5个气象台，航空台站和其他4个站开展天气预报业务，此外还建有20个自动气象站和3个验潮仪。2012年10月，中国气象局捐赠的CMACast小站落户马尔代夫。该站的安装工作包括CMACast小站天线、室内设备及CMACast、FY快显和MICAPS软件的安装、调试、培训。中国气象局派出的技术人员为当地技术人员进行技术培训，并与马尔代夫气象局共同验收、正式交接CMACast小站。

尼泊尔气象部门主要负责收集传播水文和气象信息，为水资源、农业、能源和其他领域提供水文、气象预测预报服务。负责发布水文气象预报公报，开展民航气象服务、登山气象服务、决策气象服务等。作为世界气象组织的成员，尼泊尔气象部门积极参与气象数据交换，也为国际航班提供气象服务信息。目前尼泊尔已建成337个雨量站，154个水文站，20个沉积物站，68个气候站，22个农业气象站，9个气象站和6个航空气象站的覆盖全国的观测网络。配备了无线通信，探空仪，卫星分布信息系统(SADIS)，气象传真机，卫星图像接收系统等设备。

——东南亚地区。东南亚地区各国气象服务水平总体水平较高。其中新加坡、印度尼西亚、马来西亚、越南、菲律宾等国有相对完整的气象服务业务体系和服务产品，尤其在热带气旋监测预报、降水、流域水文、水资源监测、农业气象方面服务产品较为出色。印度尼西亚、新加坡环境气象业务产品也比较丰富。

新加坡气象服务部门(MSS)是新加坡的国家机构，隶属国家环境局(NEA)，包括气象服务部、气象系统部、风险和资源部、新加坡气候研究中心。主要负责国家长期的气象记录收集和维护，提供可靠的天气和气候服务，进行高质量天气气候预测研究及自然环境危害风险与影响评价，为关键部门如民用航空、海事、私人/公共机构和公众提供评估服务。主要服务包括：天气预报、海洋预报、气候监测、有害性天气预警等，并负责航空气象服务、火山预警、地震预报和满足特定用户需求的商业气象服务(基本情况见表4.1)。

表4.1 新加坡气象部门基本情况

国家	观测				人员		业务产品	
	地面	高空	雷达	卫星	业务	总计	常规	特殊
新加坡	5	1	1	美国、日本和中国气象卫星接收系统		144	常规气象预报	火山预警、航空气象服务

马来西亚气象局隶属于国家科技和创新部，下设14个州气象台。主要开展气象、地震和海啸预报预警服务，产品有航线天气预报、每月天气预报、10天天气预报、农业气候分析展望等。官网上雷达拼图和卫星云图每30分钟更新一次，同时可在

10 分钟之内将地震、海啸信息传播到有关机构和社会公众。主要服务包括：天气预报、海洋预报、气候监测、灾害性天气预警、大气环境监测、火山预警、地震预报、农业气象服务、人工影响天气作业等，还负责航空气象服务和满足特定用户需求的商业气象服务（基本情况见表 4.2）。

表 4.2　马来西亚气象部门基本情况

国家	观测				人员		业务产品	
	地面	高空	雷达	卫星	业务	总计	常规	特殊
马来西亚	45 +339	8	12	1个卫星接收站，接收来自日本、中国和美国卫星信息		1020	一般天气预报、海洋预报、大气环境监测、人工影响天气作业等	火山预警、农业气象服务、航空气象服务和商业气象服务

印度尼西亚（简称“印尼”）气象与地球物理局，主要业务范围包括天气气候观测预报，空气质量、地震、自然灾害的监测预报以及数据和信息服务。印尼气象服务比较成熟，图形产品丰富，天气、气候、大气成分等监测预测服务产品体系健全。其官网提供气象数据信息服务，可以通过站点和日期信息查询每天的天气监测数据。预警置于官网显著位置，以红色文本框不断闪烁方式提醒关注，内容包括发生时间、强度和影响区域等信息（基本情况见表 4.3）。

表 4.3　印度尼西亚气象部门基本情况

国家	观测				人员		业务产品	
	地面	高空	雷达	卫星	业务	总计	常规	特殊
印度尼西亚	174 自动站	16	35	4个接收系统，可接受风云卫星信息		3000	短期、中期、海洋天气（海浪和风力）、每日洪水风险评估	独立的气候业务系统，提供 3 月预报和 6 个月展望信息

缅甸气象水文局隶属于交通运输部，负责缅甸全国气象、水文业务。主要服务包括：天气预报、航空天气、农业气象、水文预警、气候监测、灾害性天气预警服务等，目前尚未开展商业气象服务（基本情况见表 4.4）。

表 4.4　缅甸气象部门基本情况

国家	观测				人员		业务产品	
	地面	高空	雷达	卫星	业务	总计	常规	特殊
缅甸	150	0		中国和日本气象卫星接收装置		759	常规气象预报服务	航空天气、农业气象、水文预警

泰国气象局业务范围包括天气气候观测预报、灾害预警、灾害防御和信息知识传播、向企业提供服务等。通过移动应用向用户（主要是旅游者）提供预报预警信息。产品相对较少，以文字类为主。天气服务产品包括露点、相对湿度、风、云量、能见度、气压、3小时雨量、最高最低气温、降雨、7天天气预测、周预测等。气候服务产品主要包括月度、季度、年度预测及历史数据（基本情况见表4.5）。

表4.5 泰国气象部门基本情况

国家	观测				人员		业务产品	
	地面	高空	雷达	卫星	业务	总计	常规	特殊
泰国	123	4	26	接收日本、中国和美国气象卫星数据		937	天气预报，海洋预报	航空气象服务和商业服务

老挝气象水文局隶属自然资源与环境管理部，总部有6个部门、17个省级水文气象站。可提供天气、地震预报预警，农业气象预报，气候预测服务，能够提供雷达拼图、卫星云图等资料数据（基本情况见表4.6）。

表4.6 老挝气象部门基本情况

国家	观测				人员		业务产品	
	地面	高空	雷达	卫星	业务	总计	常规	特殊
老挝	49	0	1	中、日卫星接收系统	120	227	3天预报，重要城市周预报	3～6周季节预报

柬埔寨气象局隶属水资源和气象部，主要负责提供天气预报信息，内容包括早、中、晚三个时段预报，三天天气预报等，为相关部门提供短期和长期天气预测，针对极端天气发布警报信息（基本情况见表4.7）。

表4.7 柬埔寨气象部门基本情况

国家	观测				人员		业务产品	
	地面	高空	雷达	卫星	业务	总计	常规	特殊
柬埔寨	21	0	1	接收系统	52	57	日常预报	暴雨、强风预警、台风路径预报

越南水文气象局隶属于自然资源与环境监测部，共管辖7个直属业务单位以及下设的9个区域水文气象中心（共54个省级水文预报中心和数百个观测站），建立了气象观测网，致力于减少台风、暴雨、洪水、强对流等灾害天气的损失，服务于社会发展。主要负责管理全国水文气象探测、预报和环境监测等业务工作（基本情况见表4.8）。

表 4.8　越南气象部门基本情况

国家	观测				人员		业务产品	
	地面	高空	雷达	卫星	业务	总计	常规	特殊
越南	174	6	7	接收包括中国的气象卫星数据	1614	3210	各种短期、中期和长期预报，台风预警、强风预报、海洋预报	提供给运输业的专门预报

文莱气象服务开始于20世纪50年代末，主要服务于航空活动。多年来，来自其他用户的气象服务的需求不断增长，2013年1月16日文莱气象局正式成立，隶属于交通部。负责全国气象服务，目前文莱气象部门面向政府部门、非政府部门以及社会公众提供天气预警信息、气象预报服务公告以及简单的气候服务信息，拥有自己的气象服务网站和气象服务APP。主要提供天气、气候、航空、海洋、海啸气象服务(基本情况见表4.9)。

表 4.9　文莱气象部门基本情况

国家	观测				人员		业务产品	
	地面	高空	雷达	卫星	业务	总计	常规	特殊
文莱	2	0	1			63	常规气象预报	海啸气象、航空

菲律宾大气、地球物理和天文管理局隶属于科技部，职责是防御自然灾害，应用科学知识确保人民群众安全、健康，推动国家进步。从事的业务主要是观测和通信、气象预报和服务。负责开展天气预报、热带气旋预报预警服务，发布洪水公告，发布农业天气预报，开展灾害教育与科普知识传播等(基本情况见表4.10)。

表 4.10　菲律宾气象部门基本情况

国家	观测				人员		业务产品	
	地面	高空	雷达	卫星	业务	总计	常规	特殊
菲律宾	58	6	11	接收系统，可接受包括风云卫星在内的气象卫星信息	836	975	短期、中期、长期以及季节(3个月)预报	航运和航空预报、座火山特别预报

(二)“一带一路”欧洲区域气象服务保障水平

1.“一带一路”欧洲国家气象服务保障总体水平

“一带一路”欧洲国家气象服务保障能力，中东欧各国气象服务整体水平很高，多数国家建立了完整的气象服务业务。许多国家采取公共服务＋商业化专业服务产品的方式对外开展针对不同层次服务需求的气象服务。欧洲极端天气警报系统(Meteoalarm)在区域内多数国家得到应用。这一系统集成了所有从欧洲国家官方收集到的公共气象服务网站重要的灾害性天气信息，其影响范围包括整个欧洲。独联体国家，各国气象服务机构建有较为完整的气象服务业务，常规天气监测预报、水文气象、环境气象、气候数据服务、农业气象等气象服务产品丰富。

2.“一带一路”欧洲不同区域气象服务保障情况

主要包括中欧、东欧和南欧三个区域气象服务保障水平现状。

——中欧地区。中欧地区各国气象服务机构建有较为完整气象服务业务，常规天气监测预报、水文气象、环境气象、气候数据服务、农业气象等气象服务产品丰富。

波兰气象水文研究院致力于向公众提供气象和水文服务。负责提供气象观测和天气气候预报服务，水文预报和服务；农业气象服务产品制作；风能资源评估以及气象培训等业务。波兰水文和气象服务的系统包括三个子系统：观测系统、电信系统和数据处理、预报预警系统。波兰在1999年加入欧洲气象卫星开发组织，同时一直努力加入欧洲中期天气预报中心，以便广泛使用中心的计算能力和提供时效更长更精确的预报服务产品，包括季节预测和气候预测。

斯洛伐克水文气象研究所隶属于环境部，经费主要来自国家预算，部分收入来自市场经营贡献。负责开展斯洛伐克境内空气污染监测、水质和环境放射性监测评估、天气和水文预测预报和警报等业务，同时也为军事提供水文气象服务。

匈牙利气象服务机构承担着气象观测、气象预报服务等工作，建立了全国性的监测网络，开展无线电探空仪高空观测、气象雷达监测以及闪电定位等业务，并保证持续开展上述业务以及气象数据维护。该机构利用自己的数值预报系统制作天气预报并发布国际天气预报信息。通过数据产品的交换，匈牙利气象服务机构促进了世界气象组织和国际民航组织的高效运行。为高标准的履行上述职责，该机构从事研究和项目开发，积极开展灾害预警系统、暴风雨预警系统等项目研发工作。此外该机构还提供商业气象服务。

——东欧地区。东欧地区各国气象服务整体水平也很高，多数国家建立了完整的气象服务业务。许多国家采取“公共服务＋商业化专业服务产品”的方式对外开展针对不同层次服务需求的气象服务。欧洲极端天气警报系统(Meteoalarm)在区域内多数国家得到应用。这一系统集成了所有从欧洲国家官方收集到的公共气象服务网站重要的灾害性天气信息，其覆盖范围包括整个欧洲。

俄罗斯气象部门隶属于俄罗斯联邦水文气象和环境监测局，其宗旨是降低气候变化对国家经济、居民生命的威胁，保障俄罗斯的水文气象安全水平。主要任务有：保障及时、准确地向俄联邦经济部门、武装力量国家权力机关、居民提供水文气象、太阳地球物理方面的信息和有关环境污染资料；发展国家检测系统，评价和预报大气、地表水、海洋和大陆架、近地球空间的情况和污染状况；促进提高对天气有依赖性的经济部门的经济活动的效率（航空、海运、河运、农业、动力等）为此提供广泛的气候和气象产品和专业服务；发展对气象和地球物理过程有影响的防雪崩、防疫情的技术服务；支持和发展在气象、水文、地球物理和环境污染监督方面的科学研究；评价和预测气候改变和气象资源（农业气候、地表水和太阳能等）；管理有关的国家统一的基金；积极参加全球有关国家交流；组织有关人才的培养和培训。

乌克兰水文气象中心主要开展气象预报预警、农业气象预报、水文预测等服务。

白俄罗斯从事气象环境监测预报服务的主要有水文气象中心，辐射控制和环境监测中心，以及区域水文气象和环境监测中心，共有51气象监测站，9个专业监测站（6个农业气象站，1个背景监测站，1个湖泊监测站，1个沼泽监测站），8个民用航空气象观测站，99个江河湖泊监测站，10个水文监测站。提供气象运输服务（空中和地面）和城市基础设施的气象雷达有三部，分别部署在布列斯特，戈梅利和明斯克，布列斯特和戈梅利开展高空探空业务。水文气象的主要目标是：接收气象数据，收集、处理、分析、存储和提供气象数据资料；开展天气、水文、农业气象预报预测服务；开展区域气候变化的研究；确保政府有序运行和人民生命财产安全。近年来，气象观测业务引进了全新技术设备，目前正在重新调整气象观测业务，建立自动化观测网络，建设雷达观测网，引进现代化的多普勒天气雷达等，以提升天气预测预报的能力，提升服务质量。

爱沙尼亚气象水文研究所隶属于爱沙尼亚环境部。

——南欧地区。南欧地区各国气象服务保障水平差别较大，气象体制也有不同。

斯洛文尼亚气象部门隶属环境局，主要任务是气象观测、研究和其他专业任务。气象信息服务作为世界气象网络的一部分进行气象观测数据交换，同时执行气象任务与环境保护，水资源管理，国防，交通，农业，林业，工业，建筑业，卫生，旅游等服务任务，以及对空中和海上航行，消费预测等提供气象信息服务。斯洛文尼亚气象部门与世界气象组织及其他国际组织在气象领域开展合作，其中最重要的是欧洲中期天气预报中心和欧洲气象卫星组织。前者为其提供了在天气预报中获得最高质量的计算，后者为其提供卫星数据和产品。

克罗地亚气象水文机构是克罗地亚气象预报发布的国家机构，近年来随着业务量的不断增加，克罗地亚气象水文机构的人数增加到440人左右，在全国范围内还有数千名气象信息员，此机构使用数值天气预报模式制作天气预报产品，同时制作有主持人的气象服务节目在克罗地亚电视台黄金时段播出。

塞尔维亚气象部门负责开展天气预报、气候预测、农业气象预测、水文预测和灾害性天气预警等业务，作为欧洲气象卫星应用组织合作成员，能够实时获取卫星图像资料，参与多个研究项目，申请访问学习等。

黑山气象部门的主要任务是气象测量和观测及数据传输处理。有8个主站，20个气候站，并按照世界气象组织制定的标准建设了50多个雨量站。自动气象站数量逐渐增加，在过去的几年中，记录境内气象要素(气温，气压，湿度，降水量，风速和风向，日照等)，并自动通过移动电话传输到设在波德戈里察的中心。目前黑山的天气预报产品分为：临近预报(3小时)，短临预报(12小时)，短期预报(3天)，中期预报(10天)和长期预报(10天以上，月度和季节预报)。此外，该机构还开展专业气象服务，每日两次为港务局和其他客户提供天气预报专业服务。

马其顿气象部门主要开展天气预测预警制作发布、气候预测、农业气象服务、水文预测、环境质量监测、雷达探测以及人工影响天气(防雹)等业务。

罗马尼亚国家气象局主要开展天气预报、数值天气预报、农业气象、气象数据传输存储等业务，是该国授权的气象信息服务机构，积极开展各种商业气象服务，能够提供每日、每周、三个月的天气预报信息和格点化的预报信息和产品。罗马尼亚国家气象局的数值预报模式较多，是欧洲中心的准会员，同时与欧洲气象卫星应用组织、欧盟、北约、WMO等建立了良好业务协作关系。

(三)“一带一路”海洋国际气象服务保障水平

“一带一路”气象服务保障远超出一般的国别意义，因为海上丝绸之路依托的是海洋，海洋经济是“一带一路”发展重要支撑。因此，“一带一路”的海洋气象服务保障受到国际社会的广泛重视。

海洋覆盖了地球表面的71%，对大气起着调节控制作用，是许多重要天气系统发生的直接影响因素，也是气候系统的重要组成部分。海洋具有较大的热容量，控制着气候变化的速率。因此，必须对海洋进行不同时空尺度的状况及其变化趋势进行全方位、全天候的立体观测。

海洋观测分常规观测和非常规观测两种。前者按国际统一规定的时间和内容进行观测并发布天气报告，后者包括海洋调查、海上观测实验和其他非特约船只的观测。常规观测中以商船气象观测数量最多，已积累了近百年的记录，但这种观测在时间上不连续，在空间上分布不均匀。第二次世界大战以后，在北大西洋和北太平洋先后设立了十多个定点天气船，加上日益增多的自动浮标气象站，可以获得较高质量的连续观测资料，但还不能满足分析和预报的需要。20世纪60年代以来，随着气象和海洋卫星的发射并投入业务使用，人们可以在外层空间的不同高度上对大气和海洋进行大范围的、均匀的实时观测，直接或间接地获得海洋上空各层的大气温度、湿度、风速云雾、降水、海面温度、海面风速、海浪、海流、水位和海冰等各种要素的观测值，能够对海上龙卷、热带风暴、温带气旋等灾害性天气进行严密的监测，为海洋气象的研究和业务工作提供了良好的条件。海洋气象的观测和试验包括海洋气象观测方法的研究、海洋气象观测仪器和装置的研制、局部或大范围海域海洋气象的调查研究。

海洋气象灾害风险远高于陆路风险，世界上海洋大国都十分重视海上气象服务保障能力建设。目前，海洋气象服务保障主要由发达国家所主导，但总体还比较薄弱。

(1)国际海洋气象观测计划。海洋气象国际观测计划发展主要分为两大类，一类是业务观测系统的建设，一类是基于特殊研究的特种外场观测试验。从 20 世纪 90 年代开始，世界气象组织（WMO）就致力于推动各成员国参加的全球观测系统建设。目前已经建立了比较完善的常规观测系统（探空、地面自动站）、地球海洋学实时观测阵（ARGO）浮标观测系统和覆盖全球范围的卫星探测系统。从 1991 年开始，政府间海洋委员会（IOC）、世界气象组织（WMO）、联合国环境规划署（UNEP）和国际科学联合会（ICSU）共同发起组织全球海洋观测系统（GOOS）。其主要目的是：在连续性的基础上，详细说明所需的海洋观测数据，以满足海洋环境用户的需要，推动这些数据的使用和产品的发展，拓宽它们在保护海洋环境中的应用。近年来，海洋学和海洋气象联合技术委员会致力于全球海洋观测系统的集成，主要包括各成员国船基观测、浮标观测和基于验潮仪海面高度观测等系统的建设和集成，形成覆盖全球海洋范围的观测系统和数据中心。WMO 于 2016—2019 年战略计划重点指出加强全球综合观测系统的建设。

(2)发达国家的海洋气象观测。发达国家的海洋气象观测历史长达百年以上。美国为了收集海洋和海上的气象情报，建立了大型海洋气象浮标网，第一批为 6 个 XERB-1 型重 100 吨、直径 12.19 米的塔式浮标。第一个浮标于 1970 年初安装于弗吉尼亚州以东 125 海里的墨西哥湾的深水处。此型浮标能自动观测风向、风速、降水、太阳辐射、气压、气温、露点及波浪参数、海水的流速流向、海温、含盐度以及水中声速。所获取的资料传递给设于迈阿密的海岸警卫站。美国 20 世纪 80 年代就建立了全国永久性的海洋立体观测系统，其中有 175 个海洋观测站，80 个大型浮标等。日本、韩国等国家以岸基观测站和锚系浮标为主，组成了水上、水下立体海洋观测系统。其中，日本就有 120 个观测站和 16 个大型浮标。

20 世纪 60 年代以来，海洋气象探测技术有了很大进步，进行了海上定点和非定点观测，开展了大规模的海洋气象现场实验。目前，世界上有不少国家，海洋卫星的研制、应用已具有相当高的水平，海洋已完全处于各类海洋卫星的监视和监测之下。欧洲空间天气局的系列卫星，已经把卫星的风场资料用于业务预报同化系统中，大大提高了预报的准确性。美国利用 DMSP 卫星辐射计资料和 Topex/Popseidon 高度计资料同化于海洋预报系统，使得对风暴、台风增水和海温的预报精度提高了 8%。

中国海洋海冰预报在应用了卫星遥感资料后，其业务预报精度和可靠性都提高了很多。业务化的渔场预报，也已充分利用了卫星资料提供的海温资料，提高了预报准确性。所以从海洋事业发展需求上也必须尽快发展中国的海洋系列卫星。

目前，研制和发射海洋水色卫星的国家有中国、美国、俄罗斯、印度、韩国等国家，最具代表性的海洋水色卫星是 1997 年 8 月 1 日，美国航天局(NASA)成功地发射了世界上第一颗专用海洋水色卫星 SeaStar，标志着水色遥感器 CZCS 在 1986 年停止运转而中断了 10 年的全球海洋水色遥感数据又得以继续，而且可以得到质量更高的水色资料。美国计划自 SeaStar 卫星发射开始，进行 20 年时序全球海洋水色遥感资料的连续积累。

自美国 1978 年 6 月 22 日发射世界上第一颗海洋卫星 Seasat-A 以后，前苏联、日本、法国和欧洲空间局等相继发射了一系列大型海洋卫星。这些卫星可提供全天时、全天候海况实时资料，如海面温度、海面风场、有效波高、流场、海面地形、海冰等多项海洋要素，对改进海况数值预报模式，提高中、长期海况预报准确率，效果显著。

2002 年 5 月 15 日，由中国科学家自行研制的第一颗海洋卫星“海洋一号”和气象卫星“风云一号 D”，在太原卫星发射中心发射成功，结束了中国没有海洋卫星的历史，标志着中国海洋卫星研究和应用达到国际先进水平，成为中国海洋监测发展历史上的一个里程碑。这颗被命名为“HY-1”的卫星是中国第一颗海洋水色试验型业务卫星，运行工作寿命两年。卫星发回的数据由国家卫星海洋应用中心设在北京、三亚地面接收站接收，经过处理后的数据将在海洋生物资源开发利用、河口海湾及航道监测与治理、海洋污染监测与防治、海岸带监测及全球环境变化研究与资源开发服务中起到重要作用。

(3)海洋大气研究。21 世纪初由国际地圈生物圈计划(IGBP)、国际海洋研究委员会(SCOR)、世界气候研究计划(WCRP)和国际大气化学与全球污染委员会(CACGP)联合提出上层海洋-低层大气研究计划(SOLAS)，对海洋环流以及海洋与大气的相互作用进行了系统的观测和研究。2004 年 WWRP/WMO 提出了观测系统研究与可预报性试验(THORPEX)研究计划。该研究计划是一个为期 10 年的国际合作计划，在整个研究计划实施的过程中，开展了众多专题化的外场科学试验；其研究任务通过可预报性和动力过程、观测系统、资料同化和观测策略、社会和经济应用 4 个子项目展开。国家和国家联盟建立了区域委员会(北美、欧洲和亚洲)，在 THORPEX 国际科学和研究实施计划框架内来界定参加 THORPEX 的优先项目。THORPEX 北大西洋波导和下游影响试验是大西洋两岸国家参加的国际性研究计划，填补了 THORPEX 研究计划结束和 THORPEX 后续计划开始之间的空白，大西洋两岸国家美国、英国、法国等联合在 2016 年开展了相关的外场观测试验。

在为期 10 年的 THORPEX 研究计划实施过程中，亚太地区开展了许多与海洋、海气相互作用、热带气旋等方面相关的外场观测试验。美国开展了耦合边界层海气交换(CBLAST,the Coupled Boundary Layers Air-Sea Transfer)试验和热带气旋眼墙雨带变化试验(RAINEX);中国台湾实施了近台湾区域台风的下投式探空观测试验(DOTSTAR)。2008年实施的THORPEX太平洋亚洲区观测(T-PARC)和TCS-08/10观测计划重点探究海气相互作用对热带气旋强度变化影响。根据WCRP和WWRP/THORPEX提议,2008年开始了热带对流年计划(YOTC)实施,该计划持续到2010年4月结束,主要研究MJO/对流耦合波、东风波和热带气旋、热带对流日变化、热带和副热带相互作用等。

THOPEX研究计划实施期间,欧洲国家也开展本区域的野外试验计划。2011—2013年实施的地中海水文循环HyMeX试验计划(Hydrological Cycle in the Mediterranean Experiment),采用地基、船载、飞机等手段,监测长时间观测期间大气、海洋、水文和生物化学变化;其目的在于更好地理解和定量化地中海水循环及相关过程、地中海耦合系统年际到年代际变化以及在全球变化大背景下与此相关的趋势,强调高影响天气事件。英国实施的“潜热对副热带风暴中尺度结构影响”计划,从2009年持续到2012年,主要探测水汽、风和湍流、云和气溶胶粒子、温室气体和臭氧等,专注于水汽垂直结构和风的三维精细结构;采用观测手段下投式探空、飞机和激光雷达探测。

1998—2002年第一次南海季风试验,中国(包括台湾、香港、澳门)、美国、澳大利亚、日本、韩国、菲律宾、越南、新加坡、马来西亚、文莱、印度尼西亚的200余名科学家参与此项试验和研究,出动了6艘海洋科学考察船,在南海及周边区域开展了大型的地面、探空等加密观测以及海洋浮标、科学考察船等特殊观测项目,获得大量南海季风爆发及演变、中尺度对流系统及海洋的观测资料,为南海季风及东亚季风研究提供了数据。这些资料在国内外相关研究中得到广泛应用。

综上所述,各大观测研究计划越来越体现了国际性,外场科学试验加强了中小尺度观测,特别是水汽和风精细结构的观测;采用的观测手段除了常用观测仪器和观测平台外,广泛地采用了飞机在海上垂直探测和激光雷达。

二、中国“一带一路”气象服务保障状况

中国是“一带一路”倡议的提出国家,中国“一带一路”气象服务保障能力也受到国际社会和“一带一路”国家的广泛关注。中国气象局和世界气象组织(WMO)“一带一路”气象合作会议于2018年6月22日在瑞士日内瓦WMO总部召开,WMO主席和秘书长高度赞赏中国“一带一路”倡议,认为WMO未来十年的计划与“一带一路”倡议的宗旨不谋而合。他们肯定了一年多来双方在“一带一路”气象合作方面取得的成果,以及中国对WMO相关项目和计划的贡献,希望中国能够与发展中国家分享经验,为缩小发展中国家与发达国家差距、加强发展中国家能力建设提供更多

支持。

(一)中国“一带一路”陆上气象服务保障水平

从总体讲,中国已经建成了世界上规模最大、覆盖最全的综合气象观测系统,2400多个国家级地面气象观测站全部实现自动化,区域自动气象观测站近6万个;成功发射17颗风云系列气象卫星,8颗在轨运行;198部新一代多普勒天气雷达组成了严密的气象灾害监测网;基本建立了生态、环境、农业、海洋、交通、旅游等专业气象监测网。建成了精细化、无缝隙的现代气象预报预测系统,能够发布从分钟、小时到月、季、年预报预测产品;全球数值天气预报精细到10千米,全国智能网格预报精细到5千米,区域数值天气预报精细到1千米;建立了台风、重污染天气、沙尘暴、山洪地质灾害等专业气象预报业务;中国气象局被世界气象组织正式认定为世界气象中心,标志中国气象现代化的整体水平迈入世界先进行列。

中国建成了世界一流、中国特色的气象服务体系,气象服务不断拓宽领域、丰富产品、改进手段,气象服务已经拓展到交通、水利、能源、旅游等几十个部门,融入几百个行业、覆盖到亿万群众,气象服务的经济社会效益显著提升,投入产出比达到1:50,人民群众气象获得感明显增强。中国气象服务保障在“一带一路”建设中必将受到国际社会和“一带一路”国家高度赞赏与认同。

1. 气象预报技术

中国数值天气预报业务自主研发、客观化气候预测能力、气候变化科学研究及政策咨询能力均展现自身的技术优势。

——中国具备数值天气预报业务自主研发体系,中国数值天气预报业务已经从引进吸收转入了自主研发、持续发展的新格局。在国家级构建了包括全球和区域模式预报系统、集合预报系统及专业数值预报系统在内的较为完整的数值预报体系,T639、GRAPES全球中期数值天气预报系统均取得长足发展。省级气象部门都建立了区域中尺度数值预报系统,GRAPES等中尺度模式得到了较为广泛的应用。精细化预报业务持续推进,开展了5千米分辨率的格点气象要素预报,基于全球任意经纬度的多模式集成精细化站点预报,9个省份气象灾害预警精细到乡镇(街区),应用于风能领域的数值天气预报已经精细到具体风机的位置。

——具有客观化气候预测能力。中国是少数几个具备客观化气候预测能力的国家之一,建立了全球资料同化系统、月动力延伸预测模式系统及季节气候预测模式系统,在全球气候预测信息交换中发挥重要作用,也是东亚区域气候预测的主要参考。目前第二代月、季预测模式已经投入业务运行。

——具有气候变化科学研究及政策咨询能力。具备气候变化预估能力和先进的计算机资源的保障,在气候变化科学及气候变化减缓和适应政策方面,都发挥了重要作用,取得了丰富经验,提交中国碳排放峰值、联合国气候变化峰会、中美气候变化联合声明等多份咨询报告，在政府间气候变化专门委员会(IPCC)中发挥了重要作用。由中国研究的《中国极端气候事件和灾害风险管理与适应国家评估报告》，吸收了国际上在气候变化应对领域的前沿理论和实践知识，有助于未来开展应对气候变化相关服务。

2. 气象服务水平

中国建成了世界一流、中国特色的气象服务体系，尤其在气象防灾减灾领域可以为“一带一路”建设作出卓越的贡献。

——建立了先进的政府决策气象服务体系。中国气象部门与各级政府部门建立了紧密的联动机制，在信息传播、防灾减灾决策、灾害应对动员等方面都建立一整套行之有效的管理体系，气象工作已经成为政府工作的重要组成部分。2015 年正式成立的国家预警信息发布中心，将在更高的层次上提升整个体系的效率，国家突发事件预警信息发布系统已经建成并投入运行，该决策服务体系具有很强的推广价值。

——建成了完善的灾害预警服务体系。中国通过建立完善的灾害预警体系，对于经济落后地区如何实现灾害预警信息的广泛传播，已经形成了丰富的成功经验。到 2017 年，中国气象影视服务覆盖了 27 个国家级社会媒体平台，每日首播节目 143 档，全年节目首播量为 48452 档，时长 2006 小时。中国气象频道在全国 31 个省(自治区、直辖市)的 314 个地级以上城市落地，覆盖数字电视用户约 9200 万户。建立了覆盖中国近海海域的 8 个海洋气象广播电台。各地气象部门共开通官方网站 146 个、官方微博 1200 余个、官方微信 313 个、手机客户端 60 个。中国天气网日最高浏览量超 2686 万页。手机应用程序中国天气通总装机量突破 7500 万，月活跃用户超 1100 万。在农村地区建成 7.8 万个乡镇气象信息服务站和 73 万余名气象信息员以及 43.9 万套大喇叭、19.3 万块乡村气象电子显示屏。

——实现了气象信息服务广泛覆盖。中国的气象服务领域涉及工业、农业、渔业、商业、能源、交通、运输、建筑、林业、水利、国土资源、海洋、盐业、环保、旅游、航空、邮电、保险、消防等 100 多个行业和部门，基本实现了经济领域全面覆盖。尤其是建成了覆盖全国主要高速公路的交通气象专业化监测网络，建立国家、省两级布局合理、分工明确的交通气象服务业务，交通气象服务精细化程度显著提高；2017 年，全国 30 个省(自治区、直辖市)、323 个地市、1880 个县建立了地质灾害气象预警业务，海洋、电力、森林草原防火、健康、旅游等领域气象服务取得快速发展；大气成分分析与预警预报、空间天气预警、沙尘暴天气监测与预报、防雷装置检测和工程专业设计、健康和医疗气象、突发公共事件应急响应等气象服务保障业务和服务也迅速发展。

——具有了较强的气象服务国际竞争能力。中国气象局通过推进气象科技服务的规模化、集约化发展及市场化的探索积累，中国初步形成了包括气象观测仪器装备制造与系统研发、专业领域气象服务、气象信息增值服务、气象工程技术服务、气候资源开发利用服务和其他气象关联产业等在内的具有一定规模的产业体系。中国在基础设施建设及应对气候变化方面的快速发展，也带动了相关气象服务的发展，特别是在能源电力气象服务领域取得了一定的市场竞争优势，对国内一大批项目开展气候可行性论证，为大批风电场、太阳能电站开展了气象条件预报服务，基本具备了对外拓展的能力，风能资源评估技术已经达到国际领先水平，目前已经走出国门。农业气象服务，经过多年积累，已经形成完整的体系，对大宗粮食作物的产量预报准确率高。由于中国近年来饱受雾霾困扰，因此也推动了环境气象服务的发展，尤其是在雾霾预报方面，已经达到国际先进水平。此外，气象系统之外的机构也在天气和气候研究或服务方面取得了突出的成绩，比如清华大学在气候变化与健康领域的表现。2015 年 6 月，著名医学杂志《柳叶刀》发表了题为《健康与气候变化：保护公共健康的对策》的委托研究报告。该报告由清华大学、英国伦敦大学学院和瑞典多个机构的 45 位学者组成的委员会耗时 2 年共同完成，清华大学地学中心共有 10 人参与该报告的编写。

3. 气象装备优势

中国气象装备制造形成了自主创新的技术优势，中国许多气象装备技术已经成为开展气象国际合作重要领域。

——气象卫星发展迅速。极轨气象卫星实现了更新换代、上下午星组网观测，静止气象卫星实现了双星观测、在轨备份的业务模式，卫星遥感应用服务取得了令人瞩目的成就。截至 2018 年底，中国已成功发射了 17 颗风云系列气象卫星，目前有 8 颗气象卫星在轨运行，包括风云三号 A/B/C/D 星和风云二号 H/E/F/G 星。中国的气象卫星已实现了业务化、系列化的发展，实现了从试验应用型向业务服务型转变的目标，中国已成为国际上同时拥有静止气象卫星和极轨气象卫星的少数国家和地区之一。世界气象组织已将风云二号和风云三号气象卫星纳入全球业务应用气象卫星序列，使中国风云气象卫星成为全球综合地球观测系统的重要成员。目前，中国已构建起以北京、广州、乌鲁木齐、佳木斯 4 个国家级地面接收站和瑞典基律纳站组成的卫星数据接收网络，形成了以国家级数据处理和服务中心为主体，以 31 个省级卫星遥感应用中心和 2500 多个卫星资料接收利用站组成的全国卫星遥感应用体系，除接收风云系列气象卫星外，还接收利用美国、日本、欧洲等国家和组织的多颗卫星资料。采用卫星数字视频广播（DVB-S）技术建成的风云气象卫星数据广播分发系统 CMACast，是全球地球观测组织（GEO）的全球卫星数据广播分发体系的三个核心成员之一。目前，CMACast 用户接收站已超过 200 多套，极大提升了中国风云气象卫星的国际影响力。

——天气雷达技术性能已达到世界领先水平。目前已有近 200 部新一代天气雷达在国内、外得到应用，并已进入罗马尼亚、韩国、印度、美国等市场。

——人工影响天气技术和装备在抗旱、保障重大活动中都发挥了重要的作用，并取得了一定的国际影响力。

——在防雷装备方面，中国已经建成了覆盖大陆大部分地区的具有自主知识产权的490个云地闪电定位站，成为世界上少数几个实现雷电联网监测的国家之一。

——综合气象观测系统运行监控平台(ASOM)投入业务运行，观测自动化全面推进。此外，电子显示屏、预警喇叭、专用接收机等气象预警信息发布设备已经在中国各地得到了广泛应用，并取得良好效果。

4. 气象信息技术与培训

——气象业务软件系统研发能力较强。气象部门自主研发的气象信息综合分析处理系统(MICAPS)，除了在全国气象部门应用外，已经在民航、水利、海洋、学校等10个行业部门应用，并捐赠巴基斯坦、蒙古、菲律宾、印度尼西亚、吉尔吉斯斯坦等17个国家应用，具备一定推广基础。此外，由于中国气象事业的体量大，对系统开发的需求也大，带动了社会企业在气象服务软件方面的开发。

——信息技术发展迅速。互联网、大数据、云计算等新技术在中国发展迅速，出现了阿里巴巴、百度、腾讯等具有全球影响力的互联网企业，也出现了华为这样的全球领先的信息技术企业。《国务院关于加快培育和发展战略性新兴产业的决定》(国发〔2010〕32号)也将新一代信息技术产业作为发展重点，目前中国已经在该领域取得一定相对优势。2015年7月发布的《国务院关于积极推进“互联网+”行动的指导意见》，明确指出，要通过“互联网+”把互联网的创新成果与经济社会各领域深度融合，要求积极发挥中国互联网已经形成的比较优势，加快推进“互联网+”发展，培育新兴业态和创新公共服务模式，微博、微信及各种移动应用的发展，已经为气象服务方式提供了强大的技术支撑。中国气象局也组织制定了气象信息化发展的一系列文件，并确定了“智慧气象”的发展方向，这些成果都将为“一带一路”气象服务的发展提供很好的技术支撑。

——完善的气象教育体系。中国具有众多高等院校开展气象相关教育工作，建立了包含天气、气候、应用气象、气象探测等多个方向的完善的大气科学学科体系，每年气象毕业生达到数千人。此外还建立了成熟的继续教育体系，为气象部门气象管理干部、专业技术人员提供继续教育，并为亚洲区域及其他发展中国家培训气象业务及管理人员。经世界气象组织批准，世界气象组织南京区域培训中心于1993年在南京信息工程大学成立，其目的是借助南京信息工程大学的科研与技术优势为发展中国家培养各类中高级气象科技人才和管理人才。

5. 气象资源配套

中国气象发展具有政策方面优势和特色，在气象资源配套方面为“一带一路”国家提供借鉴。

——气象服务资源整合能力强。全国气象部门实行统一领导，分级管理，气象部门与地方人民政府双重领导，以气象部门领导为主的管理体制，整合气象业务和服务的能力强，有利于发挥全国气象系统的合力。中国通过WMO的区域气象培训中心，培育了一大批发展中国家的气象官员，也对第三世界国家提供了大量援助，建立了良好的伙伴关系，有利于整合国际资源、开展国际合作。

——气象部门在政府层面具有一定的国际化经验。气象部门重视与国内外业界领先机构、企业开展广泛合作，特别是中美合资公司的成立和运作过程，将在技术、商务模式和国际拓展经验上为向国际市场拓展提供借鉴。此外，在通过承担 WMO 相关工作，向第三世界国家提供国际援助，履行大国责任，积累了较多的国际化工作经验，具有较强的国际影响力。

——地方气象部门的特色服务项目优势。由于中国幅员辽阔，天气和气候类型多，地方经济发展类型多，地方气象部门通过多年的服务实践积累了具有地方特色的经验，这既有利于在国家层面上进行资源整合，也有利于地方气象部门发挥其地缘优势和特色技术优势。

——专业技术人才储备充足。中国人口数量在国际上占有绝对优势，且随着高等教育的快速发展，工程师数量全球排名第一，每年的气象类毕业生达到数千人，气象专业技术人才储备较充足，这是未来气象人才输出的重要支撑。

——中国公司在其他产业的国际拓展经验丰富。中国基建、能源等大型国有企业已经开展了大量国际合作项目，气象伴随中国企业走出去已经积累了部分的经验。

——中国气象部门承担众多国际机构职责。中国气象局所属事业单位还在很多国际机构中发挥责任和影响力。国家气象中心承担着世界气象组织区域专业气象中心（RSMC）和环境紧急响应中心（EERC）的任务，在放射性污染物扩散应急方面发挥重要作用，同时也是 THORPEX（全球观测系统研究与可预报性试验）亚洲 TIGGE（全球交互式大集合）中心；国家气候中心同时也是世界气象组织亚洲区域气候中心、东亚季风活动中心、亚洲极端天气气候事件监测评估中心和全球长期预报产品中心，向世界气象组织成员国提供几十种气候和气候变化业务产品；国家卫星气象中心是全球地球观测组织（GEO）的全球卫星数据广播分发体系的三个核心成员之一；中国气象局气象探测中心承担世界气象组织（WMO）亚洲区域仪器中心（RIC－北京）工作；中国气象局气象干部培训学院是世界气象组织区域培训中心和 WMO/CGMS 虚拟实验室优秀中心，并为亚洲区域及其他发展中国家培训气象业务及管理人员。

——综合国力强。中国的 GDP 全球第二，科技实力和综合国力明显提升，各国与中国的经济贸易连接紧密，有助于气象服务的拓展。加上目前中央提出要坚持创新驱动发展战略，大众创业、万众创新的局面已经形成，新一轮的国有企业改革也已经拉开序幕，参与“一带一路”气象服务的动力正在涌动。随着中国经济的发展和越来越多的国际责任担当，中国的国际形象也越来越好，中国气象服务全球经济社会发展作出的贡献将越来越大。

(二)中国海洋气象服务保障现状

中国海洋气象业务起步于20世纪60年代,经过几十年的建设,初步建立了海洋气象业务体系。为了响应国际GCOS计划建议,指导、协调中国各部门参与全球气候观测系统计划的工作,经国务院批准,1997年7月GCOS中国委员会(CCOS)成立。2002年4月第一届中国气候大会上通过了《中国气候系统观测计划(2001—2010)》。该计划参照国际GCOS计划的建设思路,以中国有关部门管理的与气候系统相关的大气、海洋、水文、陆地、环境观测系统为基础,设计了一个高效的、符合中国国情的、众多部门参与的国家气候观测系统(CCOS)。

——基本建立了以沿岸海域为主的海洋气象观测系统。中国气象部门已经建设了304个海岛(海上平台)自动气象站、200个强风观测站、39个船舶自动气象站、33个锚系浮标气象站、26部天气雷达、10个探空站、17部风廓线雷达、75个全球导航卫星系统气象观测(GNSS/MET)站、37个雷电监测站、6部地波雷达,并建立了包含天气雷达、自动气象站和探空雷达、GNSS/MET等10类气象装备运行监控及保障的信息化业务应用系统(ASOM),岸基装备保障能力不断提升;通过气象卫星、海洋卫星等工程的持续建设,初步形成了覆盖中国近、远海的卫星遥感探测能力;国家海洋局和地方海洋部门建设了16个中心站、161个海洋观测站点(其中137个包含气象观测)、12部地波雷达、开展气象观测的大中型浮(潜)标40余个、漂流浮标常年保持数十个,在近海海域建有多座海上观测平台,依托数十个海上生产作业平台及近百艘船舶开展气象和海洋志愿观测;在南北极建有中山、长城、昆仑和黄河4个科学考察站,利用"雪龙号"和"大洋一号"科学考察船每年进行全球海域的走航观测工作,并在三个海区配备有海上保障机构和队伍及海上调查和观测保障船队;通过以上观测网的建设,初步形成了对中国近海和部分大洋的海洋关键天气和气候要素的观测和保障能力,但对比发达国家手段多样、覆盖完善、保障充分的海洋气象立体观测网,中国海洋气象观测尚属起步阶段。

——逐步发展了以台风、海上大风预报为主的海洋气象预报预警业务。建立了国家、区域中心(上海、广州和天津海洋中心气象台)、省和地市四级海洋气象预报业务体系,预报范围涵盖了中国18个近海海域预报责任区和全球海上遇险安全系统公海责任区的Ⅺ—印度洋区制作和发布72小时(每12小时间隔)的中国近海海洋天气预报(包括风向、风级、能见度、浪高);制作和发布的台风24小时路径预报误差小于100千米;制作和发布责任海区海上大风预警,近3年海上大风过程的预报准确率达到80%;制作和发布世界气象组织责任海区海事天气公报(Ⅺ海区一印度洋区域)。初步建成全球和区域海面风场数值模式、全球和区域台风数值预报模式体系、黄渤海海雾数值预报模式等,初步构建了海洋气象专业数值预报模式体系框架。海洋气候的监测、预测得到初步发展,开展了太平洋区域海表面温度和次表层温度等要素的监测和海洋气候事件 ENSO 的监测、预测。从预报预警业务开展情况和准确率等指标看，台风预报预警等领域已接近世界先进水平，但海洋气象预报整体水平仍不高，尤其是数值预报和资料同化技术与发达国家差距明显。

——开展了以沿海、近海为重点的海洋气象服务。建成了石岛、舟山、茂名等三个国家级海洋气象广播电台，在此基础上沿海各省份结合实际，利用广播电台、海事电台等发布海洋气象信息。部分地区依托中国北斗导航系统试验性开展了北斗终端预警信息发布。面向国防活动、海上搜救、港口及跨洋航运、海上石油开发、海上风能开发、近海渔业养殖和海上捕捞、近海海洋旅游等需求，初步提供了针对性的专业海洋气象服务，但对比日本、美国等通过高度发达的气象服务市场提供的丰富产品和服务还有很大差距。

——初步具备海洋气象数据收集、处理和分发能力。目前，中国气象部门已建立了覆盖全国的气象广域网络系统，实现国与省份之间以及省份与省份之间的互联互通。国家和省级局域网实现万兆/千兆骨干、千兆/百兆桌面接入。建成覆盖全国和亚太地区的 CMACast 卫星单向广播系统。通过通信卫星和 3G 移动技术实现了应急备份通信。国家级高性能计算整体能力接近 1760 万亿次/秒，为数值天气模式、集合预报、气候预测模式等业务运行和研发提供了基本计算资源。全国气象远程会商系统已作为日常业务运行多年，远程会商系统已经覆盖至所有地市级和大部分县级，在预报服务中得到广泛应用。经过近几年的快速发展，信息网络基础设施极大完善，但信息系统技术水平、海上通信传输手段等较世界先进水平还有较大差距。

——开展海洋气象科学试验研究。中国 2002—2004 年开展了登陆热带气旋外场科学试验(CLATEX)；为了了解和促进中国海洋信息建设，2004—2009 年中国实施 908 专项科学调查计划，主要包括近海海洋综合调查、综合评价和“数字海洋”信息基础框架构建三大任务。为提高对登陆中国沿海的热带气旋的强度预报能力，依托 973 计划项目“热带气旋登陆前后异常变化及机理研究”，中国 2009—2013 年在华东、华南沿海开展了“台风登陆过程外场科学试验(TLAPFEX)”。973 项目“上层海洋对台风的响应和调制机理研究”于 2014 完成布放由 4 套锚定潜标和 5 套锚定浮标组成的台风观测阵，主要收集海表 4 米的气象要素和海表波浪；海表下 800 余米以内的温、盐、压、流的数据；以及距海底 100 米内的海流数据等。

三、“一带一路”气象服务保障面临的问题

“一带一路”沿线多数区域国家都面临着极端气象灾害的威胁，但各国气象服务能力和水平既面临共同的问题，又存在较大的差异。

(一)“一带一路”气象服务保障面临的共性问题

——区域气象发展不平衡。目前,东南亚、西亚、中东欧等地区的大部分国家基本建立了完整的气象服务业务体系,气象服务总体水平也较高,如以色列、俄罗斯等国的气象服务机构也都具有较强的实力。南亚、中亚地区大部分国家的气象服务发展不平衡问题相对突出,一些国家气象服务水平较低,服务产品种类少,服务形式单一。另外,一些国家的气象服务只能依靠国际组织援助建设的少数气象观测站提供简单的气象数据服务,气象服务对经济社会发展的保障水平亟待提升。

——区域文化差异较大。“一带一路”沿线国家或区域之间气候存在差异,同时,不同国家之间文化也肯定存在很大差异,导致不同国别之间在文化及由此形成的思维和行为方式方面均存在差异,而且这些差异还可能与民族主义和极端主义问题交织在一起,影响民心相通。这都对“一带一路”气象服务工作的深入开展有一定的影响。

——气象合作交流不深入。“一带一路”沿线国家间互联互通为气象合作交流搭建了好的平台,但是也存在一些不可回避的问题,例如部分国家的社会包容性不高,存在极度社会排斥;少数国家政局不稳,存在暴力冲突和大量难民流入,这些都可能影响“一带一路”建设的实施,当然也会影响国与国之间气象合作交流的深入开展。

——气象数据共享与安全隐忧。这是国与国之间开展气象服务所面临的一个突出问题,提供高质量的气象服务当然要求国与国之间实现气象数据共享,但各国都会考虑本国气象情报安全问题,除世界气象组织规定的气象数据交换外,一般不愿提供额外气象数据。因为气象信息与国防安全密切相关,有的信息非常敏感,而且不同国家由于地缘政治环境及文化的不同对气象信息的理解也不同,这会给不同国别的气象服务“走出去”带来很大的风险,并面临当地气象服务的准入壁垒。例如,有的国家曾以雷达产品存在“安全”问题,拒绝接受安装多普勒雷达。

——陆海气象监测不均衡。丝绸之路经济带区域气象观测站网建设,东边亚太经济圈、西边欧洲经济圈发展基础好,观测站网建设规格高、密度大,布局合理,现代化、自动化程度较高,而中亚、西亚等广大区域站网密度小、自动化程度低。从海洋气象监测来讲,近海和远海气象资料获取方面能力不够,海洋表面的气象观测站点严重不足;面向近海、远海的气象信息发布能力不强;涉海重要经济行业的专业化海洋气象服务能力相对薄弱,服务产品少,针对性不强。

(二)“一带一路”中国气象服务保障存在的问题

中国气象现代化发展就本国来讲取得了辉煌成就,在许多领域已经达到或接近发达国家水平,在气象服务领域达到了世界一流水平。但是,“一带一路”的气象服务保障远超出了一国范围,中国气象服务保障“一带一路”建设,不仅需要开展广泛国际气象合作，而且本身也存在一些需要努力解决的问题。

(1)气象观测领域。提升“一带一路”气象监测能力是做好气象服务保障的基础，目前“一带一路”气象监测主要存在综合协同能力有限、气象观测资料质量控制有待增强、观测资料的应用支撑不足等问题。

——综合协同的气象观测能力有限。中国风云静止气象卫星目前采取双星业务观测模式，主要定点位置为105°E和86.5°E的赤道上空，覆盖范围还无法到达欧洲西部，而欧洲静止气象卫星主要定点在0°E和印度洋上空，也无法完全覆盖“一带一路”沿线国家和地区，尤其是中亚区域。中国风云和欧洲的极轨气象卫星虽然能实现全球覆盖观测，但其观测时间分辨率无法满足“一带一路”沿线国家和地区的高频观测需求，同时，相应的定量遥感产品也无法完全满足预报和服务业务需求。

地基观测主要依托气象观测站实现，是大气状态的单点观测，这种单点观测较易实现，但是很难形成大规模的全局观测，并且在海上无法布设。面对“一带一路”走出去的倡议，地基观测信息的不足更显突出，高时效的观测数据只有千米级空间分辨率、半小时级时间分辨率，卫星辐射定标精度也亟待提高以提供高精度的气象产品与服务能力。高空间分辨率、高时间分辨率和高辐射精度的“三高”观测数据是面向“一带一路”提供气象服务的重要保证，目前的地基和天基观测系统还无法提供“三高”观测数据。因此，急需加强“一带一路”区域的卫星和地基观测能力。

——气象观测资料质量控制有待增强。随着中国新一代极轨气象卫星风云三号和新一代静止气象卫星风云四号的发射，越来越多的新仪器、新观测手段将得以使用，包括红外高光谱垂直探测仪器、闪电成像仪、降水测量卫星观测、晨昏轨道卫星观测等。然而，目前的中国遥感卫星辐射校正场定标方法和定标场地已经无法满足未来发展的需要，急需对中国遥感卫星辐射校正场进行升级和扩充，研发新的定标方法，建设新的定标场，购置新的观测仪器设备，并将场地的地表和大气光学波段辐射特性观测推向全自动、连续观测的阶段。同时，风云系列卫星应用产品已包括陆表、海洋、大气、空间天气等几大类上百种产品，然而中国针对这些产品、特别是定量遥感产品的真实性检验还几近空白。

此外，地基气象观测易受复杂地面观测环境和空间分布影响，“一带一路”区域地面气象观测资料的准确性和代表性尚具有较大的不确定性，资料质量控制能力亟待加强，缺乏资料深加工产品和专门的“一带一路”气象观测数据集。

——观测资料的应用服务支撑不足。现有遥感产品的优势大都集中在火灾、水灾、水色、气溶胶、蓝藻监测等非气象领域或非主流气象业务，对台风、暴雨、强对流等气象核心业务支撑和聚焦不足，卫星客观定量的监测分析能力与国际先进水平存在较大的差距，难以满足天气预报业务日益增长的精细化需求。现有的气候监测预测业务和气候变化研究使用的卫星资料主要以国外卫星产品为主，缺少自主长时间序列卫星产品，国内长时间序列数据精度水平和质量评估能力欠缺，尚无法实现从长时间序列数据到气候数据集的转化。现有遥感服务产品科技含量不够，定量化水平不高，大部分还停留在卫星图像产品的定性分析应用，在卫星定量化产品的深层次应用方面存在明显不足。历史数据资源深层次信息挖掘不够，多源卫星资料协同应用不足，普遍存在单星单产品独立生成直接服务等问题，导致同类应用产品规范难统一、时间空间序列化配合程度差。

气象卫星资料与其他资料融合程度不高。目前气象卫星应用产品中缺少与其他卫星数据的融合，缺少与其他观测数据、数值预报模式结果等信息的融合，未形成优势互补的多类型数据综合应用模式。遥感应用业务服务主要仍以实时监测为主，内容庞杂且分散，服务形式大都是对灾害事件的被动响应，前瞻性、综合性、定量性的卫星服务产品和服务方式较少，分灾种、交互式监测和事后评估分析的服务模式还未形成。遥感业务应用平台集约化程度不高，静止、极轨卫星资料处理和业务产品制作分析由不同的系统平台完成，而两类平台分别独立开发、应用与推广，相互间缺乏互通互联，还未形成对数据、产品的统一管理和集中发布的一体化业务模式；应用产品制作和发布流程不规范，客观化、定量化程度不够，严重影响应用产品的生产效率，制约服务时效的保障能力。

——系统全面的综合观测科学试验欠缺。目前，国内外数值预报模式中陆面—边界层过程和云降水物理过程的参数化方案，大多未考虑对“一带一路”沿线区域复杂下垫面的适用性，严重影响着业务预报模式对该区域内实际大气过程的模拟能力，同时，缺乏对“一带一路”沿线区域平流层—对流层大气交换特征的掌握，也制约了区域内中、长期天气预报模式的发展。中亚和西亚国家以及青藏高原地区站点稀少，一方面欠缺复杂下垫面地面观测的代表性，难以实现卫星遥感关键信息的有效校正及其再分析，致使卫星产品在该区域定量应用误差较大，另一方面限制了对荒漠、高原关键区大气结构的认识和中国天气上游关键区强信号特征的捕捉。

开展综合观测科学试验是解决上述关键科学问题、保障“一带一路”国家和地区天气预报与气候预测准确率提高、卫星定量资料精度提升以及区域内国家和地区气象协同观测站网合理布局的重要前提。然而，包括中国在内的“一带一路”国家和地区少有系统性、全面性、持续性的综合观测科学试验开展。

——气象观测装备保障能力亟待加强。针对“一带一路”沿线国家和地区气象观测设备的专业试验处于空白状态，新型气象探测设备在投入使用前缺乏必要的科学检测。业务运行的气象观测装备，特别是海洋气象观测设备受风沙、高温、严寒、海洋侵蚀等恶劣环境影响，寿命短、故障率高；由于陆上和海上保障车船缺乏、计量检定和测试维修设施不足，设备的布设和运行维护难以保障，观测资料的准确性和完整性无法保证。

(2)气象预报领域。“一带一路”的气象预报水平直接决定和影响气象服务保障质量和效果，从“一带一路”建设对气象预报需求来看，主要存在以下问题。

——天气和气候预测时空分辨率和准确率不够高。区域天气模式、环境模式、海洋模式和水文模式的预报性能还不够优越;数值模式(特别是区域模式和环境气象模式上)和资料再分析水平与国际先进水平还有很大差距,预报准确率不高,在技术、国际认可度方面还有很大的提升空间。

——由于尚未建立面向精细化预报的基础资料交换网络和交换机制,与当地气象服务机构相比处于劣势。高性能计算能力和协同工作平台还不满足信息快速共享和一体化预报服务的需求。

——生态环境气象业务发展还不够成熟。气象服务国家生态文明建设,生态气象环境业务是基础。但目前涉及生态环境气象服务业务还相对较弱,生态气候观测网络还尚未建成,环境气象观测起步较晚、资源相对分散,监测能力不足,卫星遥感应用研究不够,观测资料质量还不够高。生态气候服务业务平台和产品制作、服务流程还尚未形成,气候资源的评估等基础还较薄弱;环境气象数值预报空间系统覆盖范围较小、分辨率不高、预报时效较短、效果检验不足;空气污染气象条件,雾、霾落区预报准确率还不够高,光化学污染等特殊环境气象服务产品研发有待升级;生态水文气象服务明显不足;新能源与节能减排服务和电力、石油和天然气输送等气象服务保障相关产品研发总体水平有待提高。

——跨国气象预报业务合作基础还有待加强。随着"一带一路"倡议实施与发展,所涉及的国家和地区很多,"一带一路"沿线的多达65个国家和地区,气候条件非常复杂,气象预报水平差异很大,在气象领域推进与沿线国家和地区的互联互通既有一定条件,也存在很大难度,从总体上讲,开展跨国气象业务合作基础还比较薄弱,要推进"一带一路"气象服务任务还十分艰巨。

(3)气象服务领域。"一带一路"建设给气象服务带来了新机遇和新挑战。一方面,气象服务范围需要扩展到亚非欧大陆和其间广阔的海洋经济区,服务种类需要对接商贸、工程、能源、运输、文化等领域的需求,产品内容需要适应行业资源的国际化布局配置而与产业链高度融合,产品展示需要适应多种不同的人文语境和风俗传统,产品投放需要拥有有效应对突发事件的全球快速部署能力。另一方面,针对"一带一路"建设的气象服务,还存在相当多的难点问题。

——面对众多国家和地区、众多产业和巨大要素变动,缺乏对不断增长新需求的深入调查和分析,难以提供有效的气象服务。面对"一带一路"沿线国家复杂多变的气象条件以及多发重发的气象灾害,面向国外的精细化预报预警服务和专业气象服务核心技术研发明显不足,远不能满足气象服务需求。

——能源气象服务水平还不够高。能源气象服务是保障国家战略实施的重点领域。但在开发"绿色"能源方面,气候资源的评估等基础性工作跟进不足,包括风能、太阳能等清洁资源评估、开发利用的可行性评估以及风能、太阳能等资源精细化区划等工作均有待加强;对于传统能源电力、石油和天然气的安全运行气象服务保障,气象条件的影响评估和预报、预警服务保障系统的建立均处在起步阶段，各种能源安全运行气象服务保障服务系统在精细化、专业化服务水平上仍需加强和完善。

——海洋气象服务能力还比较薄弱。气象服务保障“一带一路”倡议实施，直接涉及海上气象服务，目前海洋气象观测系统还比较薄弱，沿海岸基观测站点量不足，且自动化水平还有待提升。海洋气象数值预报模式水平不高，预报产品覆盖面窄、时效短、准确率和精细化程度低；海洋气象服务产品匮乏、内容形式单一，缺乏针对港口及跨洋航运、海上石油开发、近海渔业养殖和海上捕捞、海洋旅游等经济领域的针对性服务。

——服务覆盖范围不够大。以内需型为主的气象服务业务体系与国际化需求尚未深度融合，产品与用户之间缺乏有效对接，造成很多闲置的“僵尸”服务产品。气象服务对陆上重视多，对海洋关注不足，对国内关注多，对国外关注少。中尺度气象模式的覆盖范围不够大，尚缺少面向国外的精细化服务产品。

——专业气象服务能力总体不强。主要是研发和服务能力弱，缺乏深入挖掘，大部分服务方向还处在有什么卖什么的阶段，服务针对性不强，服务附加值不高，市场竞争能力较弱。对专业气象服务技术的研发投入力度不够，比如，对面向海洋、航空的气象服务投入少，能力薄弱，缺少竞争力，海洋导航服务市场主要被国外服务商占据。缺少顶尖的服务产品。虽然服务覆盖面多，服务产品数量不少，但是水平普遍不高，缺少具有国际竞争力的产品。

——气象信息服务用户体验有待提升。虽然中国气象服务在电视、网络和移动应用方面产品很多，但是总体来看，服务注重内容提供，而对用户体验重视不足，缺乏对互联网用户心理习惯的把握，对互联网文化欠缺了解，传播效果有待提升。

(4)气象其他领域。“一带一路”建设的气象服务保障涉及范围十分广泛，中国气象服务保障还存在技术装备、市场拓展和体制机制方面的问题。

——部分装备质量缺乏国际竞争力。重要观测设备关键原件的设计和制造水平亟待提高，部分气象仪器的质量和发达国家相比还有很大差距，甚至在中国市场上都很难与国际的仪器供应商竞争，比如风能太阳能资源开发所需的测风、测光仪器。

——市场拓展能力不强。一直以来，中国气象服务由政府主导，市场化程度较低，气象系统所属部门参与市场竞争的意识、能力都有待加强。国有服务机构，受体制机制约束，很难在市场环境中实现跨越式发展，部分领域已经在与新兴民营企业的竞争中落入下风。另外，从气象服务行业整体来看，气象民营企业还处于起步阶段，国际化竞争能力较弱。在市场层面缺乏国际经验，气象部门所属企业普遍没有国际市场拓展经验，不了解国际气象服务市场和气象服务的规则，未来在提供国际化服务和商务运作方面劣势明显。虽然目前成立中美气象服务公司，但这是在市场防守状态下举措，并非面向国际市场的开拓举措。

——气象资源整合优势没有充分发挥。由于属地化意识的存在，虽然气象部门各级均有自己的优势和特色，但在国家层面上，气象系统的合力没有完全发挥，没有对地方的优势特色技术和做法进行整合提升，尚缺少高水平的技术和精品化的产品。服务实体体量小，影响力不足。气象系统所属服务机构多，但是体量小、力量分散、发展水平不高，临时性特点明显，缺少影响力，竞争能力弱。就单个机构而言，基本不具备走出去参与国际化竞争的能力。

——未能充分整合利用其他部门及社会的资源。与系统外部门在科研方面合作多，但是在服务方面合作少，没有通过充分借助社会资源的优势做到取长补短、优势互补，总体服务水平不高，竞争力不强。行业协会的作用尚未发挥。中国气象服务行业管理刚刚起步，行业内的组织、协调、沟通、管理机制尚未建立，尚没有形成行业掌控力和影响力，对于协同开展国际服务更没有经验。

——人才的多样性不足。由于历史和行业特点原因，气象部门的人员结构相对单一，主要是气象和工程类技术人才，其他类别人才相对较少，更缺少国际化高端人才，尤其是国际化的经营管理和市场开发的高端人才。由于行业性质和管理机制所限，难以吸引到足够多的高水平人才。

——质量管理水平有待提升。现代气象技术质量管理制度尚不健全，气象技术和服务的标准化程度不高，气象服务质量保证水平不高，气象系统内取得 ISO9001 国际质量管理体系认证的机构少，缺少国际通行证。

（三）“一带一路”海洋气象服务保障面临的问题

海洋气象服务保障任务非常艰巨，海洋气象服务保障是涉海国家面临的共同问题，对中国作为世界第二大经济体来讲，可能问题更突出一些。从目前实际能力和水平分析，海洋气象服务保障与海洋经济发展的实际需求还存在很大差距。

——海洋气象监测基础薄弱。海洋气象监测是海洋气象服务保障的基础。目前，海洋表面的气象观测站点严重不足，如锚系浮标观测站点稀疏，新的观测手段如飞机观测、地波雷达等基于遥感的观测手段等尚未应用到海洋气象观测业务中。海洋高空大气的观测手段缺乏，如海上风廓线雷达尚未建设。面向服务领域急需的各类气象要素在时空密度方面都亟待补充提高。气象卫星海洋气象针对性观测能力不足，不能适应远海和远洋保障服务需要。同时，影响中国天气气候的远海重要敏感区的海洋气象观测近乎空白，现有信息获取主要依赖于国外。

——海洋气象预报技术发展滞后。由于海洋气象观测资料的欠缺，严重制约了海洋气象预报预测技术的发展，海洋气象预报时效、准确率和精细化水平均不够高。特别是海洋气象灾害监测预警能力相对较弱，不能满足海洋气象灾害防御的需要。就中国来讲，相对常规气象预报，支撑海洋气象预报的科技基础能力也比较薄弱，针对海洋气象数值预报模式水平也不够高，中国与发达国家还存在明显差距。中国近海区域气象预报时效和精细化程度不够，缺乏全球海洋气象预报，难以满足海洋经济发展需要，也难以有效履行世界气象组织赋予中国的大洋预报预警职责。

——海洋气象服务能力明显不足。海上丝绸沿线国家海洋气象服务能力大都薄弱，气象服务产品较少、针对性不强，远洋导航气象服务主要由日美国等国为主提供。就中国来讲，面向近海、远海和远洋的气象信息发布手段还比较有限，气象服务覆盖面也不够广泛；应对海上突发事件服务能力不足，海洋气象灾害风险区划评估尚未开展，海上风险管理应急联动机制不完善。

——海洋气象科技支撑能力较差。受各种因素影响，长期以来，除美国、日本外，其他各国在海洋气象科研业务上重视不够、投入较少，海洋气象科技支撑薄弱。就中国而言，海洋气象服务远不能满足繁忙的海洋航运、捕捞、资源开发等多方面的需求。

——海洋气象合作不足。海上丝路沿线国家的气象合作多限于国际观测计划或科研合作，观测资料共享和业务交流机制不健全，合作动力也不足。中国国内气象、海洋、交通等各部门建设的海洋气象观测站网布局协同不够、仪器设备标准不一、数据格式差别较大，观测资料和信息产品缺乏共享，海上观测设备的重大保障设施，如码头、工作船(艇)、维护维修和计量检定设施等未实现充分的共用，制约了中国海洋气象服务保障整体能力的提升。

第五章 “一带一路”中国气象发展机遇分析

“一带一路”是中国全方位对外开放的必然逻辑，也是包容性发展全球化的必然要求。“一带一路”倡议的提出，标志着中国从参与全球化到塑造或深刻影响全球化的态势转变。“一带一路”是中国提出的伟大倡议和国际合作公共产品，为全方位开放、地区合作和全球发展创造了新机遇，更对中国气象发展提供了新机遇，提出了新要求。

一、“一带一路”中国气象发展机遇

从自然科学上讲，大气无国界，气候环境是全人类的公共产品，但从气象服务范围和对象上讲就有国家的界线和区别，这就是国际气象合作产生和发展的依据。“一带一路”倡议的提出，不仅为国际气象合作打开了新思路，更为中国气象发展开拓了新机遇。

(一)“五通”为中国气象服务拓宽了空间

“一带一路”建设紧紧围绕“政策沟通、设施联通、贸易畅通、资金融通、民心相通”来推进，将推动和影响沿线区域公路、铁路、航空、航海、农业、气象、旅游、能源、水文、生态等行业的深度融合和发展。“一带一路”建设涉及区域广，沿线地区具有气候类型多样、自然条件较差、气象灾害种类多、影响大等特点。复杂多变的气象条件将直接影响“一带一路”倡议的顺利实施，这给气象保障与服务带来了新机遇。其中沿线地区面临气候变化及气象灾害的严峻威胁，对气象综合防灾减灾提出新任务；沿线各类综合交通和能源战略通道等重点工程的建设，对气候可行性论证和气象灾害风险评估提出了新要求；交通运输和物流发展、历史文化、生态旅游区等，对气象监测预报预警等公共服务信息提出了更加精准的服务需求；生态气象监测与评估、制定应对气候变化对策、风能、太阳能、水能等气候资源和清洁能源的开发利用以及运行保障等均离不开强有力的气象服务支撑。

——从基础设施互联互通来看，交通基础设施（高速铁路、高速公路、港口、海上航线、空中航线）、能源基础设施（电站建设、可再生能源开发、输油输气管道安全、跨境电力与输电通道建设、区域电网升级改造、电力系统调度、电网设施防灾减灾)及电信基础设施(跨境光缆、洲际海底光缆)建设将成为“一带一路”基础设施联通的重点。新成立的亚洲基础设施投资银行将对基础设施建设给予有力的保障和支持。可以预见,大交通气象服务、能源电力气象服务、电信设施气象服务以及面向区域的基础设施规划气象服务、城市发展规划气象服务都将迎来重大发展机遇。从气象角度来看,既包括面向区域发展规划和重大工程建设的气候和气候变化服务(气候可行性论证服务),也包括面向工程运营、航线运行安全、管道运输安全的全天候、精细化的气象预报预警服务。各种基础设施沿线的气象探测网络建设、搭载在交通工具上的气象监测设备及预警信号接收设备、跨国界对接的气象服务平台建设及与不同用户业务系统对接的专业气象服务系统开发等也都将迎来难得的市场机会。

此外,基础设施建设还将产生对气象监测网络建设的巨大需求,尤其是铁路、电力、电信基础设施建设,因为运维需要,一般都需要建设配套的气象观测网络。有些国家因为经济发展水平较低,气象基础设施落后,今后随着“一带一路”建设的带动,其经济发展将提速,为未来提升气象基础能力提供条件,气象基础能力提升首先就是解决气象观测基础设施的提升。可以预见,“一带一路”国家对气象观测系统的需求将会呈明显增长。

——从贸易畅通来看,贸易畅通将促进“一带一路”各国市场的进一步开放,拓展国家之间的相互投资领域。贸易畅通将进一步激发区域内的市场活力,市场竞争将进一步增强。市场参与主体要在激烈的竞争中获得竞争优势,必须放弃粗放式发展的老路,走集约化发展的新路,通过集约化实现对资源的有效利用,实现对各种内外部风险的有效管理,有效实现趋利避害。与天气、气候密切相关的行业将对气象服务在服务产品种类及服务的精细化、准确度提出更高的需求。比如工农业生产安排、仓储物流、电力交易和交通旅游等都需要更加精细准确的天气和气候信息。

——从气象发展本身来看,气象部门积极参与“一带一路”建设,一方面可以利用自身优势为域内经济发展提供防灾减灾保障,另一方面可借助域内气象服务需求推动中国气象服务的国际化发展。气象服务国际化是中国气象产业发展的必然趋势,积极对接“一带一路”倡议,搭乘产业出海发展之船,将有效促进中国气象在服务能力、产业融合、国际化水平等方面的实力提升。

按照《推动共建丝绸之路经济带和 21 世纪海上丝绸之路的愿景与行动》所提出的“在投资贸易中突出生态文明理念,加强生态环境、生物多样性和应对气候变化合作,共建绿色丝绸之路”的要求,生态环境相关的气象服务也将迎来重大机遇,比如工程建设环境影响评价、气候资源保护、核电水电开发、空气质量预报、危险化学品扩散预警等,在这些领域的气象服务都会受到越来越多的重视。

(二)应对气候变化需要中国气象发挥主导作用

“一带一路”倡议得到国际社会广泛响应和参与,共商共建共享成为国际发展大势,在应对气候变化领域反映更为明显和突出。“一带一路”国家和地区既要追求快速发展,又要避免因发展而造成气候和生态破坏或恶化。因此,“一带一路”应对气候变化必然会受各国的重视。中国是国际社会应对气候变化的坚定支持者和贡献者,在应对气候变化领域也必将对“一带一路”国家和地区产生重大影响,发挥重大作用。

——促进中国气象应对气候变化能力进一步提升。气候变化深刻影响着人类赖以生存的自然环境和经济社会的可持续发展,可导致极端事件的发生频率、强度、空间范围及持续时间发生改变,并可导致前所未有的极端事件,是当今国际社会共同面临的重大挑战。而气候变化的影响又因为不同国家或地区经济发展水平、暴露度、脆弱性的不同,在适应能力、恢复能力和综合风险防范能力方面有很大的不同,这也为应对气候变化相关服务提出了很多需求,尤其是在气候变化脆弱性评估及气象灾害相关的综合风险防范。中国气象在适应应对气候变化领域取得了突出成就,在气象信息收集、决策、传播、预警发布、防灾动员等方面形成了完善的体系,对气象防灾减灾,特别是在减少因灾造成人口伤亡方面取得了显著效果,其经验值得“一带一路”国家和地区借鉴,以及通过合作而推广。当然,这也必将促进中国气象应对气候变化能力进一步提升。

——中国一些专业气象服务领域将迎来新的发展机遇。特别是农林牧渔业、农产品生产加工、海水养殖、远洋渔业、环保产业、海上旅游等方面的气象服务将具有更大应用和发展空间,在“一带一路”国家和地区中将显示中国专业服务领域的一些优势。比如,在农业气象服务方面,大宗农作物产量预报,农业气象监测、农业气象预报、病虫害预报、极端天气预报预警、关键农时气象服务、智能农业发展都会有越来越多的需求。

(三)倡议为解决国内气象发展不平衡提供了新途径

“一带一路”全方位开放,为中国协调区域发展了提供了新的途径,各省(自治区、直辖市)可以更充分发挥地缘优势和地方气象特色技术优势,为“一带一路”相邻国家和地区提供气象服务,并促进和带动自身发展。

可以说“一带一路”倡议丰富了中国对外开放的布局,对于中国过去在对外开放总体中呈现的“东强西弱、海强边弱”的局面有重大调整,特别是丝绸之路经济带的建设,不局限于中国自身的发展,不片面追求内陆地区的对外开放,也将带动中国周边国家的发展,将中国的中西部地区与中亚、南亚等地区打造成为一个利益共同体,这在地域上为中国西部和南部的对外开放提供了新的机遇,并会促进西部和南部省份进一步加强气象现代化建设,推进气象事业的区域协调发展,有助于增强气象部门形成合力参与国际竞争的整体实力。

(四)倡议为现代气象信息技术服务提供了更大平台

互联网和信息化技术在全球范围内迅速发展。虽然发展程度不同,但以移动互联网为主要特征的信息化发展趋势已经形成,并深刻改变着传统的服务方式。对气象信息服务而言,要求气象预报更加客观、精细、准确,预报时效更长,预报更新速度更快。因此,传统的数据采集方式和人工预报的方式将不能适应新形势的发展,高时空分辨率、高效率的数值天气预报将成为气象信息服务最为重要的基础,与此相配合,高覆盖的卫星探测资料应用、高时空分辨率的雷达资料应用,云计算、互联网服务客户端应用(尤其是移动客户端应用)等也不可或缺。

中国气象信息技术发展在"一带一路"中已经形成了明显优势,世界气象组织已将风云二号和风云三号气象卫星纳入全球业务应用气象卫星序列,使中国风云气象卫星成为全球综合地球观测系统的重要成员。中国天气雷达技术性能已达到世界领先水平。中国气象预报模式已经能提供未来 10 天、15 天乃至更长时间预报产品。中国气象影视服务覆盖了 27 个国家级社会媒体平台,中国气象频道在全国 31 个省(自治区、直辖市)的 314 个地级以上城市落地,覆盖数字电视用户约 9200 万户。建立了覆盖中国近海海域的 8 个海洋气象广播电台。各地气象部门共开通官方网站 146 个、官方微博 1200 余个、官方微信 313 个、手机客户端 60 个。中国手机智能气象应用超过 5 亿用户。通过与"一带一路"国家和地区进行共商合作,中国的这些气象信息技术必将能很好地服务"一带一路"国家和地区民生。如中国向"一带一路"沿线国家提供风云气象卫星资料和产品,必将全面提升上海合作组织各方及非洲、阿拉伯国家的风云卫星数据产品获取和应用能力。

当然,全方位开放也给中国气象发展带来一些重大挑战。目前,一些发达国家可以凭借已有的雄厚气象技术优势,其成果和产品已经向全世界全面渗透;在"一带一路"范围内,以色列、俄罗斯等国的气象服务也具有较强实力。同时,由于许多国家(印度、巴基斯坦、孟加拉国、斯里兰卡、哈萨克斯坦、乌兹别克斯坦等)都建立了较为完备的气象服务体系,与中国相比具有本土优势,与中国进行气象开放合作具有更高的要求。但总体来讲,"一带一路"倡议对中国气象发展机遇大于挑战。

二、"一带一路"中国气象服务潜力评估

"一带一路"建设是一项长远的发展愿景,中国气象服务发展既有输出的能力,也有输入的需求。中国气象要更好地服务于"一带一路"建设,不仅对自身能力应有一个客观分析,而且对其潜力也应有一个客观评估,并作为制定气象服务保障"一带一路"规划和行动计划的基础。

(一)中国气象服务潜力指标选择

中国气象服务“一带一路”建设涉及气象科技许多方面的内容,就目前中国国内气象科技服务水平来看,哪些内容在服务“一带一路”建设具有很大潜力,哪些内容还处于一般水平或较低水平。为此,结合国内的气象服务实践,分为 4 大类 26 项气象服务项目潜力进行了评估。其中气象预报预测与系统技术 5 项,气象观测与装备技术 5 项,气象服务系统与技术 12 项,其他气象服务技术 4 项(见表 5.1)。4 大类 26 项指标,基本可以代表中国气象服务“一带一路”建设的主要选项。

表 5.1 主要服务技术指标

序号	类别	服务方向名称	描述
1	气象预报预测与系统技术	数值模式	天气、气候
2		数值天气预报	中尺度数值天气预报
3		MICAPS 系统	计算机水平,搭载
4		灾害性天气预报	台风路径预报
5		气候预测服务	旱涝预测
6	气象观测与装备技术	卫星资料	风云卫星资料接收系统
7		雷达资料	雷达资料应用
8		气象装备输出	卫星、雷达、自动站等、显示屏、大喇叭
9		灾害应急装备输出	应急装备
10		气象观测解决方案	建设区域观测网络
11	气象服务系统与技术	智能预警接收终端	手机 APP、网站、预警机等
12		气象影视	天气预报节目制作、技术、气象频道海外落地
13		交通气象服务	公路、铁路、水运
14		航空气象服务	
15		海洋气象服务	渔业、资源、岛屿、救援、港口运行
16		新能源气象服务	风能太阳能等清洁能源利用
17		电力气象服务	规划设计、运行安全(设施、调度)等
18		农业气象服务	农业防灾减灾、保障农业生产、农产品贸易
19		仓储物流气象服务	消费品……
20		旅游气象服务	旅游规划、旅游安全
21		环境气象服务	空气质量预报、各种污染扩散等
22		健康气象服务	健康风险管理
23	其他气象服务技术	区域气候变化评估	含预估
24		气象灾害风险管理	灾前管理、风险区划、评估、转移(保险)
25		人工影响天气	
26		防雷技术服务	

针对以上 4 类 26 项气象服务选项，评估从“一带一路”气象服务需求的广度和社会、经济效益考虑，对其发展潜力和前景进行评估，并给出评级。评级考虑的指标有覆盖国家、覆盖人口、经济发展水平，以及是否符合“一带一路”建设重点。评估将气象服务潜力分为 A、B 两级，A 级表示潜力大，B 级表示潜力一般。

(二)中国气象服务潜力评估分析

经过综合评估，在 26 个气象服务项目中，有 23 个目标指标的潜力评级都达到了 A 级，在“一带一路”气象服务中具有很大发展潜力，有 3 个评级为 B 级，即发展潜力一般。综合评估具体情况如下。

1. 气象预报预测与系统技术类

气象预报预测与系统技术类，5 个气象服务选项总体全部评估为 A 级(以综合潜力评级为准)，在服务“一带一路”中将显示出很大优势。

——数值模式。数值模式是天气预报、气候预测及气候变化预估的基本工具，是提高预报预测准确率和精细化水平的根本性方法，也是衡量一个国家气象现代化的重要指标。因此数值模式既是体现中国的气象基础支撑水平的标志，也是开展国际气象服务最重要的软件类基础设施。根据潜力评级指标各项的评级情况，得到综合潜力评级为 A 级，潜力大。具体见表 5.2。

表 5.2　数值模式潜力评级

指标	描述	评级
覆盖国家	是服务的基础。覆盖 100％的国家	A
覆盖人口	313361.51 万，占比 100％	A
人均 GNI 达中高收入水平的国家所占的比例	38 个，占比 59.38％	#
是否符合“一带一路”建设的重点要求	数值模式是开展“一带一路”气象服务的核心技术，也是关键的气象基础设施，非常符合“一带一路”建设要求	A
综合潜力评级	——	A

注：# 表示未评级，因为富裕国家有市场需求，不富裕国家有援助需求。

——数值天气预报。数值天气预报信息是开展气象服务尤其是国际气象服务最关键的信息之一，既是重要的公共气象服务产品，也是开展专业气象服务的基础。数值天气预报时空分辨率和准确率的高低直接决定了一个国家气象科技和服务水平的高低。根据潜力评级指标各项的评级情况，得到综合潜力评级为 A 级，潜力大。具体见表 5.3。

表 5.3 数值天气预报潜力评级

指标	描述	评级
覆盖国家	用途广泛。覆盖 100%的国家	A
覆盖人口	313361.51 万,占比 100%	A
人均 GNI 达中高收入水平的国家所占的比例	38 个,占比 59.38%	#
是否符合“一带一路”建设的重点要求	现代化的气象服务离不开数值天气预报信息,非常符合“一带一路”建设要求	A
综合潜力评级	——	A

注:# 表示未评级,因为富裕国家有市场需求,不富裕国家有援助需求。

——MICAPS 系统。MICAPS 系统(气象信息综合分析处理系统)是中国气象局自主开发的业务软件系统,是中国气象业务的基础软件。该系统第一次实现了中国预报业务流程从纸面为主的操作向以计算机为业务流程核心的现代化业务流程转变。该系统具有资料应用丰富、资料检索方式多样、数据适应性强、图形质量较高和软件结构开放灵活等特点。自 1999 年正式在全国气象业务中推广使用以来,MICAPS 系统已经成为气象部门的核心业务系统,并已经在其他行业(如电力行业)及其他国家得到应用。根据潜力评级指标各项的评级情况,得到综合潜力评级为 A 级,潜力大。具体见表 5.4。

表 5.4 MICAPS 系统潜力评级

指标	现状描述	评级
覆盖国家	已有马来西亚、菲律宾、越南、马尔代夫、巴基斯坦、孟加拉国、乌兹别克斯坦、吉尔吉斯斯坦等国家交流使用 MICAPS 系统;新加坡、印度尼西亚、印度、以色列、土耳其、俄罗斯、白俄罗斯、埃及、中东欧国家等 24 国自有业务系统相对成熟,需求较弱;其余 40 国有合作可能。占比 62.5%	A
覆盖人口	覆盖人口 116764 万,占比 37.26%	B
人均 GNI 达中高收入水平的国家所占的比例	18 个国家,占比 28.13%	B
是否符合“一带一路”建设的重点要求	MICAPS 系统作是预报基础平台,而且有利于与其他服务的对接	A
综合潜力评级	有需求,而且重要	A

——灾害性天气预报。灾害性天气事关人民生命财产安全。随着社会经济的发展,人口、生产资料等愈发集中,对天气的抵抗力逐渐下降,再叠加上全球气候变化的

影响，灾害性天气事件发生强度和频率都会发生变化，对灾害性天气预报的重要性逐渐凸显。根据潜力评级指标各项的评级情况，得到综合潜力评级为 A 级，潜力大。具体见表 5.5。

表 5.5　灾害性天气预报潜力评级

指标	现状描述	评级
覆盖国家	服务需求广泛且非常重要。覆盖 100%的国家	A
覆盖人口	313361.51 万，占比 100%	A
人均 GNI 达中高收入水平的国家所占的比例	38 个，占比 59.38%	A
是否符合“一带一路”建设的重点要求	符合	A
综合潜力评级	防灾减灾是气象服务的重中之重	A

——气候预测服务。短期气候预测具有重大的经济和社会价值，也有很大的服务需求。但做好短期气候预测也非常困难，但也恰恰说明了气候预测服务具有很大潜力。根据潜力评级指标各项的评级情况，得到综合潜力评级为 A 级，潜力大。具体见表 5.6。

表 5.6　气候预测服务潜力评级

指标	现状描述	评级
覆盖国家	需求广泛且重要。覆盖 100%的国家	A
覆盖人口	313361.51 万，占比 100%	A
人均 GNI 达中高收入水平的国家所占的比例	38 个，占比 59.38%	A
是否符合“一带一路”建设的重点要求	符合	A
综合潜力评级	——	A

2. 气象观测与装备技术类

气象观测与装备技术类，包括气象卫星应用、天气雷达应用、气象技术装备、气象灾害应急装备和气象观测解决方案 5 项，这 5 项经过综合评估，均为 A 级，是中国气象服务“一带一路”核心支撑技术。

——气象卫星应用。气象卫星已经成为当代地球大气探测系统的中坚和骨干，气象卫星探测资料已经被广泛应用于天气分析、天气预报、数值天气预报、气候监测和短期气候预测。根据潜力评级指标各项的评级情况，得到综合潜力评级为 A 级，潜力大。具体见表 5.7。

表 5.7 卫星资料应用潜力评级

指标	现状描述	评级
覆盖国家	需求广泛且重要。覆盖 100%的国家	A
覆盖人口	313361.51 万,占比 100%	A
人均 GNI 达中高收入水平的国家所占的比例	38 个,占比 59.38%	A
是否符合“一带一路”建设的重点要求	符合	A
综合潜力评级	——	A

——天气雷达应用。天气雷达种类繁多,在灾害天气如雷暴、冰雹、台风等中尺度灾害天气监测和预测中发挥了巨大作用。目前,天气雷达资料在短期临近预报和数值预报中的作用越来越重要。根据潜力评级指标各项的评级情况,得到综合潜力评级为 A 级,潜力大。具体见表 5.8。

表 5.8 雷达资料应用潜力评级

指标	现状描述	评级
覆盖国家	需求广泛且重要。覆盖 100%的国家	A
覆盖人口	313361.51 万,占比 100%	A
人均 GNI 达中高收入水平的国家所占的比例	38 个,占比 59.38%	A
是否符合“一带一路”建设的重点要求	符合	A
综合潜力评级	——	A

——气象装备技术。气象装备是开展气象探测的基础,常规仪器如温度计,大型装备如卫星、雷达,均属于气象装备。中国气象事业提出按照“四个一流”标准推进气象现代化建设,其中“一流装备”排在首位,足见其重要性。根据潜力评级指标各项的评级情况,得到综合潜力评级为 A 级,潜力大。具体见表 5.9。

——气象灾害应急装备。“一带一路”各国自然灾害种类多,干旱、洪涝、地震、雷暴、冰雹、暴风和沙尘暴等重灾害多发。灾害发生后,抢险救援任务紧迫而繁重,分分秒秒都与人民生命财产安全密切相关,而气象装备则是抢险救援的基础。根据潜力评级指标各项的评级情况,得到综合潜力评级为 A 级,潜力大。具体见表 5.10。

表 5.9　气象装备潜力评级

指标	现状描述	评级
覆盖国家	新加坡、印度尼西亚、印度、以色列、土耳其、俄罗斯、白俄罗斯、埃及、中东欧等 24 国装备设施相对完善,需求较弱;其余 40 国均有输出可能,占比 62.5%	A
覆盖人口	116764 万,占比 37.26%	B
人均 GNI 达中高收入水平的国家所占的比例	18 个,占比 28.13%	B
是否符合“一带一路”建设的重点要求	符合	A
综合潜力评级	——	A

注:气象装备包括要素监测仪器、传感器、雷达、防雷设备、建站设施、自动气象站、气象监测配套设施、软件等。

表 5.10　灾害应急装备潜力评级

指标	现状描述	评级
覆盖国家	64 个国家均有不同类型气象灾害或其他突发事件,需求率 100%	B
覆盖人口	313361.51 万,占比 100%	A
人均 GNI 达中高收入水平的国家所占的比例	38 个,占比 59.38%	B
是否符合“一带一路”建设的重点要求	符合	A
综合潜力评级	——	A

——气象观测解决方案。气象观测系统是获取气象信息的基础,也是开展气象服务最重要的基础设施,面对台风、暴雨、干旱、高温、寒潮、沙尘暴、雷电、雾霾等直接气象灾害,以及生态系统变化、环境和气候变化、水资源缺乏、清洁能源开发,均离不开气象观测。“一带一路”各国气象服务的发展离不开气象观测系统的建设。根据潜力评级指标各项的评级情况,得到综合潜力评级为 A 级,潜力大。具体见表 5.11。

表 5.11　气象观测解决方案潜力评级

指标	现状描述	评级
覆盖国家	新加坡、印度尼西亚、印度、以色列、土耳其、俄罗斯、白俄罗斯、埃及、中东欧等 24 国气象观测技术、设施体系健全,需求较弱;其余 40 国均有输出可能。占比 62.5%	A
覆盖人口	116764 万,占比 37.26%	B

续表

指标	现状描述	评级
人均 GNI 达中高收入水平的国家所占的比例	18 个，占比 28.13%	B
是否符合"一带一路"建设的重点要求	符合	A
综合潜力评级	——	A

3. 气象服务系统与技术类

气象服务系统与技术涉及的气象服务项目比较多，大都是直接进入"一带一路"建设和民生的气象服务产品与技术。所涉及的气象服务项目达 12 项，经过综合评估，其中有 11 项达到 A 级，仅 1 项为 B 级，中国气象服务系统与技术上具有明显优势。

——智能气象预警接收终端。智能预警接收终端是决定气象预报预警信息的最后一个环节，直接决定了气象服务是否能够到达用户。过去，广播、电视是气象信息传播的终端，但随着移动互联网的发展，移动和智能的接收终端则越来越重要，用户也越来越多，已经成为未来的发展方向。根据潜力评级指标各项的评级情况，得到综合潜力评级为 A 级，潜力大。具体见表 5.12。

表 5.12 智能气象预警接收终端潜力评级

指标	现状描述	评级
覆盖国家	64 个国家对智能化的预警信息接受终端具有很高的需求，需求率达到 100%	A
覆盖人口	313362 万，占比 100%	A
人均 GNI 达中高收入水平的国家所占的比例	38 个，占比 59.38%	B
是否符合"一带一路"建设的重点要求	符合	A
综合潜力评级	——	A

——气象影视技术。影视依然是最重要的气象信息传播载体之一，美国、中国等都有专门的气象频道。电视的视觉冲击力很强，对灾害天气前期、中期和后期进行现场追踪直播的效果非常明显，从这个角度讲，其影响力也是其他类型媒体所无法比拟的。根据潜力评级指标各项的评级情况，得到综合潜力评级为 A 级，潜力大。具体见表 5.13。

——交通(陆上)气象服务。随着经济全球化、气候变化及汽车的普及化，天气原因给公路交通带来的影响越来越明显。随着"一带一路"国家经济的发展和基础设施水平的提升，以及域内国家间的合作和交流的增加，公路气象服务需求也将逐渐增加。根据潜力评级指标各项的评级情况，得到综合潜力评级为 A 级，潜力大。具体见表 5.14。

表 5.13　影视气象服务潜力评级

指标	现状描述	评级
覆盖国家	有很大的用户群体。覆盖率可达 100%	A
覆盖人口	313362 万，占比 100%	A
人均 GNI 达中高收入水平的国家所占的比例	38 个，占比 59.4%	A
是否符合“一带一路”建设的重点要求	符合，但未直接体现	B
综合潜力评级	——	A

表 5.14　交通(陆上)气象服务潜力评级

指标	现状描述	评级
覆盖国家	除东帝汶、孟加拉国外(畜牧业为主、交通基础设施落后)，其余 62 国全覆盖，占比约 97%	A
覆盖人口	297243 万，95%	A
人均 GNI 达中高收入水平的国家所占的比例	38.61%	A
是否符合“一带一路”建设的重点要求	符合	A
综合潜力评级	——	A

——航空气象服务。航空飞行与气温、气压、风、能见度等气象要素或天气现象关系密切，例如气温会影响飞机的载重，气压会影响飞机仪表高度调配，风会影响飞机起飞及航行速度等。此外，还有很多影响飞行安全的恶劣天气，比如雷暴、垂直风切变、下击暴流等，对飞机的危害极大。因此，航空气象服务的关注度高、安全要求高、影响面大，是所有专业气象服务里面最受重视的方向之一。随着“一带一路”建设的推进，域内国家之间的交流将日益频繁，对航空气象服务的需求将日益增加。根据潜力评级指标各项的评级情况，得到综合潜力评级为 A 级，潜力大。具体见表 5.15。

表 5.15　航空气象服务潜力评级

指标	现状描述	评级
覆盖国家	除东帝汶、孟加拉国外(畜牧业为主、交通基础设施落后)，其余 62 国全覆盖，占比约 97%	A
覆盖人口	297243 万，95%	A
人均 GNI 达中高收入水平的国家所占的比例	38.61%	A
是否符合“一带一路”建设的重点要求	符合	A
综合潜力评级	——	A

——海洋气象服务。海上运输、远洋渔业及海洋资源开发等均面临着海上极端天气的威胁，随着国家间贸易交流日益频繁，相关的气象服务的需求也将日益增长。以海洋气象导航为例，中国(含香港、台湾)共有商船近 9000 艘，加之渔船、海洋平台等各类舰船，保守估计每年所需提供的气象导航服务上万艘次。“一带一路”国家大都对海洋气象服务的总需求很大。根据潜力评级指标各项的评级情况，得到综合潜力评级为 A 级，潜力大。具体见表 5.16。

表 5.16 海洋气象服务潜力评级

指标	现状描述	评级
覆盖国家	新加坡，文莱，马来西亚，泰国，东帝汶，印尼，菲律宾，越南，马尔代夫，斯里兰卡，印度，孟加拉，土耳其，安曼，捷克，斯洛伐克，埃及	B
覆盖人口	211595 万，占比 67.5%	A
人均 GNI 达中高收入水平的国家所占的比例	——	B
是否符合“一带一路”建设的重点要求	符合	A
综合潜力评级	——	A

——新能源气象服务(风能太阳能)。绿色发展已经成为 21 世纪的主旋律，清洁能源必将成为人类社会发展的主要能源。近年来，在全球范围内，以风能太阳能为代表的清洁能源发展迅速，规模急速扩展，与此相关的资源评估、功率预测、灾害风险管理等气象服务也随之蓬勃发展。根据潜力评级指标各项的评级情况，得到综合潜力评级为 A 级，潜力大。具体见表 5.17。

表 5.17 风能太阳能气象服务潜力评级

指标	现状描述	评级
覆盖国家	覆盖 100%的国家	A
覆盖人口	313361.51 万，占比 100%	A
人均 GNI 达中高收入水平的国家所占的比例	38 个，占比 59.38%	A
是否符合“一带一路”建设的重点要求	符合	A
综合潜力评级	——	A

——电力气象服务。电力是整个社会经济的命脉，也是人民日常生活不可或缺的要素，而电力设施多在露天环境之下，对天气等外部环境非常敏感，大风、冰雪、冻雨、强降水、雷电、雾、霾等天气均可能引发线路跳闸、断线、舞动、闪络、通信中断等事故，严重情况下还会造成塔架的倒塌。在全球变暖的背景下，极端天气气候事件发生

的频率和强度有所增强，其所导致的电网事故也频频发生，不仅给电网造成了很大的损失，也对社会经济造成了很大的影响，比如，在2008年初中国发生的大范围冰冻雨雪和冰冻天气过程中，电网直接经济损失超过150亿元。根据潜力评级指标各项的评级情况，得到综合潜力评级为A级，潜力大。具体见表5.18。

表5.18　电力气象服务潜力评级

指标	现状描述	评级
覆盖国家	覆盖100%的国家	A
覆盖人口	313361.51万，占比100%	A
人均GNI达中高收入水平的国家所占的比例	38个，占比59.38%	A
是否符合“一带一路”建设的重点要求	符合	A
综合潜力评级	——	A

——农业气象服务。农业关系到吃饭问题，关系根本。在所有的自然灾害中，气象灾害占了70%以上，其中60%为农业气象灾害。另外，气候变化可能加剧农业生产的脆弱性，使农业生产不稳定性增加，使农业生产布局和结构出现变动，并可能增加农业成本和投资。因此，农业气象服务一直是中国气象服务的重点之一，也理应是“一带一路”气象服务的重点之一，尤其是在域内有不少农业国家。根据潜力评级指标各项的评级情况，得到综合潜力评级为A级，潜力大。具体见表5.19。

表5.19　农业气象服务潜力评级

指标	现状描述	评级
覆盖国家	越南、老挝、缅甸、斯里兰卡、不丹、印度、巴基斯坦、孟加拉国、尼泊尔、吉尔吉斯斯坦、阿富汗、亚美尼亚、巴勒斯坦国、阿拉伯叙利亚共和国、摩尔多瓦共和国、埃及16个国家以农业为支柱性产业，主要集中在南亚和西亚地区。蒙古、泰国、东帝汶、菲律宾、柬埔寨、乌兹别克斯坦、塔吉克斯坦、阿拉伯联合酋长国、以色列、沙特阿拉伯、阿塞拜疆、伊朗、格鲁吉亚、波兰、匈牙利、罗马尼亚、保加利亚、塞尔维亚、马其顿、俄罗斯联邦、白俄罗斯、卡塔尔、哈萨克斯坦、也门24个国家农业有一定基础或者未来是重点支持发展农业。共40个国家，占比62.5%	A
覆盖人口	262153.31万，占比83.7%	A
人均GNI达中高收入水平的国家所占的比例	16个，占比40%	B

续表

指标	现状描述	评级
是否符合“一带一路”建设的重点要求	符合	A
综合潜力评级	——	A

——仓储物流气象服务。经济全球化的一个重要特征就是，资源配置已经从一个地区、一个国家扩展到了整个世界，仓储物流在国际贸易和全球资源配置中的作用越来越大。仓储物流不仅与市场相关，而且还受到天气气候条件的影响，因此仓储物流相关的气象服务也日益受到重视，尤其是在全球贸易中心和新兴发展中国家。根据潜力评级指标各项的评级情况，结合各国的产业结构等特点，得到仓储物流气象服务综合潜力评级为B级，潜力一般。具体见表5.20。

表5.20 仓储物流气象服务潜力评级

指标	现状描述	评级
覆盖国家	新加坡、马来西亚、泰国、越南、印度、阿曼、土耳其、斯洛文尼亚、爱沙尼亚、斯洛伐克、俄罗斯，11个国家	B
覆盖人口	168040万，占比53.6%	B
人均GNI达中高收入水平的国家所占的比例	——	
是否符合“一带一路”建设的重点要求	符合	A
综合潜力评级	——	B

——旅游气象服务。气象条件是影响旅游安全和旅游质量的重要因素。适宜的气象条件可以为旅游活动提供便利，不利的气象条件往往会对旅游者交通出行、景区观赏等产生不利影响，灾害性天气会给旅游风景区的游客、从业人员带来威胁。另外，随着社会文明程度的提高，人们出行的计划性也在增强，对气象服务的需求也在增加。根据潜力评级指标各项的评级情况，结合各国的产业结构等特点，得到旅游气象服务综合潜力评级为A级，潜力大。具体见表5.21。

——环境气象服务。对于新兴发展中国家而言，经济的发展往往伴随着环境的污染，化学工业的发展也增加有毒、有害污染物扩散的风险。服务“一带一路”国家，绿色发展是关键。另外，随着人们生活质量的提高，认识也在发生变化，不仅追求物质的丰富多彩，更希望呼吸新鲜空气、沐浴温暖阳光。目前人们广为关心的环境质量问题，许多与气象条件关系十分密切，如空气污染与大气扩散条件密切相关。空气质量预报、扩散条件预报、有害化学物质扩散等都属于环境气象服务的范畴。根据潜力评级指标各项的评级情况，得到环境气象服务的综合潜力评级为A级，潜力大。具体见表5.22。

表 5.21　旅游气象服务潜力评级

指标	现状描述	评级
覆盖国家	蒙古、新加坡、文莱达鲁萨兰国、马来西亚、泰国、印尼、菲律宾、越南、老挝、缅甸、柬埔寨、马尔代夫、斯里兰卡、不丹、印度、尼泊尔、科威特、阿拉伯联合酋长国、以色列、巴林、阿曼、土耳其、黎巴嫩、阿塞拜疆、伊朗、伊拉克、约旦、巴勒斯坦国、斯洛文尼亚、捷克共和国、拉脱维亚、立陶宛、波兰、克罗地亚、匈牙利、罗马尼亚、保加利亚、黑山共和国、塞尔维亚、马其顿、波斯尼亚和黑塞哥维那、阿尔巴尼亚、俄罗斯联邦、白俄罗斯、乌克兰、埃及，占比 46.72%	A
覆盖人口	258347.7 万，占比 82%	A
人均 GNI 达中高收入水平的国家所占的比例	32 个，占比 70%	A
是否符合“一带一路”建设的重点要求	符合	A
综合潜力评级	——	A

表 5.22　环境气象服务潜力评级

指标	现状描述	评级
覆盖国家	覆盖 100%的国家。	A
覆盖人口	313361.51 万，占比 100%	A
人均 GNI 达中高收入水平的国家所占的比例	38 个，占比 59.38%	A
是否符合“一带一路”建设的重点要求	符合	A
综合潜力评级	——	A

——健康气象服务。极端天气气候事件(如热浪、风暴、洪水等)、气候变化、大气污染等都会直接或间接的影响人类的健康。例如，有研究结果指出，由于气候变暖，全球受疟疾影响的范围将从 1990 年的 45%增加到 2100 年的 60%，平流层臭氧的减少会引起皮肤癌、白内障的增加，还可能导致免疫力下降等。因此基于气象、环境与健康关系机理的健康气象服务将会越来越重要。根据潜力评级指标各项的评级情况，得到健康气象服务的综合潜力评级为 A 级，潜力大。具体见表 5.23。

表 5.23 健康气象服务潜力评级

指标	现状描述	评级
覆盖国家	覆盖 100%的国家	A
覆盖人口	313361.51 万，占比 100%	A
人均 GNI 达中高收入水平的国家所占的比例	38 个，占比 59.38%	A
是否符合“一带一路”建设的重点要求	符合	A
综合潜力评级	——	A

4. 其他气象服务技术类

其他气象服务技术类，主要包括区域气候变化评估、气象灾害风险管理、人工影响天气和防雷服务技术 4 项气象服务技术，经过综合评估其中有 2 项达到 A 级，2 项为 B 级。

——区域气候变化评估。在确定人类活动已经对全球气候系统产生显著影响的背景下，了解有关气候变化的事实、成因及其对环境和社会的影响，对于决策者而言日益重要。根据潜力评级指标各项的评级情况，得到综合潜力评级为 A 级，潜力大。具体见表 5.24。

表 5.24 区域气候变化评估潜力评级

指标	现状描述	评级
覆盖国家	覆盖国家 100%	A
覆盖人口	覆盖人口 100%	A
人均 GNI 达中高收入水平的国家所占的比例	——	——
是否符合“一带一路”建设的重点要求	符合	A
综合潜力评级	——	A

——气象灾害风险管理。气象灾害风险管理的目的是人类为了规避气象灾害进行优化决策和采取相应的行动，包括气象灾害风险识别、估计、评价、控制和效果评价等环节组成。气象灾害风险管理的核心是降低气象灾害的损失，即在风险事件发生前，预见将来可能发生的损失，并加以防范，或者预期灾害事件发生后可能再生的损失，制定减少灾害损失的应急管理办法，它是对气象灾害的一种综合性管理。根据潜力评级指标各项的评级情况，得到综合潜力评级为 A 级，潜力大。具体见表 5.25。

表 5.25　气象灾害风险管理潜力评级

指标	现状描述	评级
覆盖国家	越来与重要。覆盖 100%的国家	A
覆盖人口	313361.51 万，占比 100%	A
人均 GNI 达中高收入水平的国家所占的比例	38 个，占比 59.38%	——
是否符合“一带一路”建设的重点要求	符合	A
综合潜力评级	——	A

——人工影响天气。人工影响天气是指在适当的条件下，通过人工干预，使天气过程向符合人类愿望的方向发展。人工影响天气主要是指人工增雨和人工消雹，也可以扩展到人工消雨、消雾、防霜、人工引雷等方面。根据潜力评级指标各项的评级情况，结合人工影响天气的主要内容及区域基本气候条件，得到综合潜力评级为 B 级，潜力一般。具体见表 5.26。

表 5.26　人工影响天气潜力评级

指标	现状描述	评级
覆盖国家	蒙古、泰国、越南、缅甸、柬埔寨、印度、巴基斯坦、哈萨克斯坦、乌兹别克斯坦、塔吉克斯坦、吉尔吉斯斯坦、以色列、格鲁吉亚、巴勒斯坦、亚美尼亚、叙利亚、也门、阿富汗、埃及，占比约 30%	B
覆盖人口	275399.2 万，占比 87.9%	A
人均 GNI 达中高收入水平的国家所占的比例	——	B
是否符合“一带一路”建设的重点要求	符合	A
综合潜力评级	——	B

——防雷技术服务。雷电会对人们生活和生产造成不利影响。尤其在雷电多发地区，随着城市化发展，雷电导致的事故不断增加。雷电事故具有难以预料、突发多发、损失严重的特点，因此防雷技术服务对于保障人民生命财产安全具有重要意义。根据潜力评级指标各项的评级情况，结合防雷技术服务的主要内容及区域基本气候条件，得到综合潜力评级为 B 级，潜力一般。具体见表 5.27。

表 5.27 防雷技术服务潜力评级

指标	现状描述	评级
覆盖国家	雷电灾害多发国家有：印尼、柬埔寨、不丹、尼泊尔	B
覆盖人口	60164 万，占比 19%	B
人均 GNI 达中高收入水平的国家所占的比例	——	B
是否符合“一带一路”建设的重点要求	符合	B
综合潜力评级	——	B

通过以上对中国气象服务潜力评估表明，中国气象科技服务“一带一路”建设具有很大潜力。在全方位开放的大背景下，关键在于如何把气象服务的潜力转化为现实能力，转化为实在性的竞争能力。这就需要中国气象积极参与“一带一路”建设，充分利用市场机制，积极开拓创新，参与气象服务市场竞争，不断提升中国气象科技实力。

第六章　“一带一路”气象服务保障建设布局

“一带一路”倡议旨在高举和平发展的旗帜，是中国与沿线各国共享发展机遇的行动。但由于“一带一路”涵盖区域十分广泛，气象灾害种类多，经济社会发展对气象环境变化依存度高，对气象服务需求也千差万别，特别需要建立支撑“一带一路”发展的气象安全保障体系。为此，中国气象局通过深入学习贯彻《推动共建丝绸之路经济带和21世纪海上丝绸之路的愿景与行动》，以及习近平总书记在“一带一路”国际合作高峰论坛的系列重要讲话精神，谋划提出了“一带一路”气象服务保障发展总体布局。

一、“一带一路”气象服务保障建设总体规划①

2017年，中国气象局依据《推动共建丝绸之路经济带和21世纪海上丝绸之路的愿景与行动》，参考国家有关部门和广东、上海等省（直辖市）的“一带一路”行动计划或实施方案，结合我国气象发展实际，研究制定了气象“一带一路”发展规划，对“一带一路”气象服务保障建设进行了总体布局。

（一）“一带一路”气象服务保障总体要求

为贯彻落实《推动共建丝绸之路经济带和21世纪海上丝绸之路的愿景与行动》，加强与“一带一路”沿线国家在气象领域的交流与合作，充分发挥气象在推进“一带一路”建设中的重要支撑保障作用，中国气象局编制了《气象“一带一路”发展规划（2017—2025年）》，提出了总体要求和主要任务。

1.“一带一路”气象服务保障指导思想

提升“一带一路”气象服务保障能力，主要遵循以下指导思想。

认真落实党的十八大和十八届三中、四中、五中、六中全会及十九大精神，深入贯彻落实习近平总书记系列重要讲话精神，按照“一带一路”《愿景与行动》的总体部署，坚持共商、共建、共享理念，遵循气象发展规律，充分利用国内国际两种资源、两个市场和不同规则，立足“一带一路”沿线各国不同发展现状，丰富对外合作内涵，提高对

① 参见中国气象局《气象“一带一路”发展规划（2017—2025年）》。

外合作水平，与“一带一路”沿线各国共同加强气象防灾减灾和公共气象服务能力，提升气象预报预测预警水平，健全完善综合气象观测体系，提高应对气候变化和开发利用气候资源能力，推动中国气象标准的国际化，促进气象信息资源的共享，实现气象与“一带一路”沿线各国融合发展，为“一带一路”建设服务，为人类福祉和生命财产安全服务。

2.“一带一路”气象服务保障基本原则

推进“一带一路”气象服务保障建设，主要遵循以下原则。

——依托优势，服务大局。充分发挥气象观测、预报预测、防灾减灾、应对气候变化、开发利用气候资源等优势，服从和服务于国家全方位对外开放的整体部署，推动气象与“一带一路”沿线各国深度融合。

——开放包容，共建共享。充分尊重“一带一路”沿线国家发展需求，加强与沿线国家的气象业务科研合作，不断拓展合作的广度和深度，共同推进气象基础设施、信息资源、科技成果、服务技术的共建共享和互联互通，发挥优势，形成合力，让共建成果惠及更广泛的区域，实现共同繁荣发展。

——突出重点，稳步实施。以政策沟通、设施联通、贸易畅通、资金融通、民心相通为精神要旨，契合气象特点，深化中国气象与“一带一路”沿线国家和地区的合作，看准选好优先领域和关键项目，重视风险防控，集中力量突破，稳步推进，全面服务和保障“一带一路”建设。

——统筹协调，多方联动。坚持政府引导，积极统筹国家、地方、社会和市场的力量，注重与已批准实施的经济社会相关规划相衔接，促进“一带一路”沿线国家间气象事业协调发展，促进硬件建设和软实力同步发展，促进业务能力和服务能力均衡发展。

3.“一带一路”气象服务保障发展目标

到2025年，综合气象观测体系基本完善，卫星应用技术得到大力发展，“一带一路”重点区域天空地一体化气象综合观测站网建设基本完成。风云极轨和静止卫星协同观测为主、重点地空站网综合观测为辅的运行模式初步实现，为“一带一路”区域内的交通运输、能源和电信设施、重要经济活动和发展决策等提供支撑。以国家级为主体、以“一带一路”为重点的全球天气气候一体化预报业务基本建成。体系完备、科学规范、运行有效、开发合作的全球气象服务机制基本建立；适应需求、功能完善的“一带一路”气象服务保障业务体系更加完善；国际、区域、双边互补的“一带一路”建设气象服务保障开放合作平台基本建立，气象“一带一路”合作新格局基本形成，国内政策支撑体系和国际协调机制逐步完善。“一带一路”气象服务能力、“一带一路”气象科研和人才支撑能力以及中国与沿线国家气象合作水平明显提升。中国气象服务能力达到世界领先水平。

(二)"一带一路"气象服务保障建设主要任务

1. 加强政策沟通和衔接,完善政府间交流合作机制

健全"一带一路"防灾减灾合作机制。以提升气象防灾减灾能力为目标,探索建立"一带一路"沿线国家气象防灾减灾协同保障机制,重点在信息传播、防灾减灾决策、灾害应对动员、灾害风险管理等方面建立交流合作机制,建立常态化的气象服务沟通协调渠道,统一防灾减灾气象服务的标准,实现防灾减灾抗灾的融合。建立国内"一带一路"气象灾害防御协调机制,完善气象灾害多国别、跨区域应急联动机制,完善常态化多国别或区域联席会议和联络员会议制度。进一步规范和引导社会团体、企事业单位以及志愿者等各种社会力量参与气象等灾害应急救援工作,全面提高气象灾害协同应对能力。

推动完善新型气象国际合作平台建设。借助国际平台,以国家推进"一带一路"多边合作项目及亚投行基础设施项目为契机,发挥中国作为世界气象组织(WMO)世界气象中心现有多边合作机制的作用,探索"一带一路"气象服务多边合作平台建设。以此为基础,逐步建立完善与"一带一路"沿线国家双边联合工作机制,协调推动合作项目实施,有针对性地加强与沿线重点国家项目合作机制研究,建设一批双边合作气象服务示范项目。

完善"一带一路"气象人才交流合作机制。通过多国别考察、国际培训班、长期奖学金、双边交流等方式,重点加强与"一带一路"沿线国家气象行业各层次人员的有关合作和业务技术交流。加强对"一带一路"沿线国家气象人才培养,继续资助相关国家气象科研人员来华研修培训。在 WMO 区域培训中心,成立专门针对"一带一路"沿线国家的培训机构。加强组织并完善"一带一路"有关区域的气象科技研讨会、气象合作论坛等,提升中国气象科技人员的国际影响力。

专栏 1　政府间交流合作机制
双边合作气象服务示范项目 落实气象双边合作协议,有针对性地加强与"一带一路"沿线重点国家国际项目合作机制研究,加强政策沟通,筹备多领域的试点项目,发挥示范效应,为中国气象服务"走出去"营造良好政策环境,提升中国境外气象业务服务能力。
"一带一路"建设气象服务保障开放合作平台 以国家推进"一带一路"多边合作项目及亚投行基础设施项目为契机,充分发挥中国作为 WMO 世界气象中心现有多边合作机制作用,加强组织与"一带一路"沿线国家和地区(包括各国气象水文部门)的气象国际、区域、双边及多边合作国际平台(论坛)的建设。

“一带一路”国家气象人才培养技术支撑

发挥WMO区域培训中心作用，继续资助相关国家气象科研人员来华研修培训。通过多国别考察、国际培训班、长期奖学金、双边交流等方式，重点加强与“一带一路”沿线国家气象部门各层次人员的管理和业务技术交流。

2. 促进资源共享互通，拓展气象站网、技术和数据优势

加强气象监测网络建设。面向“一带一路”沿线国家和地区预报和服务业务需求，增加卫星观测能力，优化调整卫星观测布局，为“一带一路”沿线国家和地区预报和服务业务提供观测数据保障。建立以卫星遥感为核心的天空地一体化的气象综合观测网，天基观测主要通过风云气象卫星联合太阳同步轨道气象卫星及国外卫星共同工作，实现对欧洲西部全圆盘覆盖，基本覆盖“一带一路”沿线国家和地区；同时，建立“一带一路”气象小卫星星座，重点扩展中亚和印度洋区域的卫星观测能力。空基观测主要结合WMO国际交换探空站，升级和新建空基气象综合观测系统，实现对海上丝绸之路重要港口和航道及“一带一路”重点区域高空间分辨率、高时间分辨率和高辐射精度的观测。地基观测主要建立新一代天气雷达观测网，主要涉及蒙古—中亚地区、东南亚地区以及“海上丝绸之路”沿线覆盖区域，重点是蒙古高压、西南季风和南海季风的影响区域。观测站网建设以遥感产品验证（订正）和局地气象预报服务为目的，重点加大与铁路、航道、电力、电信基础设施建设运维保障配套的专业气象观测网络建设力度，完善观测资料综合应用体系建设。

加强与沿线国家气象数据共享。增强北京全球信息系统中心、国际通信网络系统和中国气象局卫星气象数据广播系统能力，进一步加强针对“一带一路”沿线国家的气象数据收集与共享服务，支持“一带一路”沿线国家便捷获取气象观测数据和数值模式、精细化预报等产品，并提高天气系统上下游国家之间气象监测信息共享的时效性。建立健全与“一带一路”沿线国家交通气象要素地空监测信息交换机制，构建气象观测资料收集汇交网络，扩大国与国之间的资料共享交换范围和频次，实现以基本气象观测资料为主，逐步扩展到公路、铁路、水路沿线等专业气象观测资料的收集与共享。加强覆盖“一带一路”沿线的数据质量控制、加工处理及产品研发，形成针对性强、时效性高、质量稳定可靠的数据产品，并提供应用服务。实现遥感数据在“一带一路”沿线各国的接收、存储、预处理及应用，并依托“一带一路”中国卫星遥感应用中心与国际遥感应用示范中心联合开展应用研究，共享技术成果。

推动“一带一路”气象标准化建设。有策略、有针对性的研究“一带一路”沿线各国的气象服务需求重点，努力推动气象标准化建设，进一步强化气象标准与气象相关合作政策、规则的有机衔接，以气象标准“软联通”打造气象合作“硬机制”。在沿线国家气象工程项目设计、研发以及技术、装备的援助、采购等环节全面应用气象标准，以

标准“走出去”推动中国优势气象装备、技术和服务“走出去”。积极牵头制定国际标准和区域标准，以标准巩固技术产品优势、掌握国际话语权。积极探索与“一带一路”沿线国家气象标准的互换互认，深入开展标准比对分析，提升沿线各国气象标准的兼容性。在“一带一路”沿线推进雷电、暴雨、台风等主要气象灾害致灾标准和致灾临界阈值的确定。从组织机构、保障方案、服务系统和业务流程等方面，建立和完善大型社会活动气象服务保障相关标准规范。整合气象标准信息资源，搭建覆盖广泛的多元标准信息服务平台，面向气象服务企业开展“一带一路”气象标准信息服务。

专栏 2　气象信息与资源共享
区域合作建设气象观测站 根据“一带一路”沿线国家观测系统基础较薄弱，自动化程度较低等特点，通过设备或技术援助，优化“一带一路”沿线国家和地区观测站点建设，提高观测自动化水平，提升资料传输水平，提升对极端天气、气候事件的业务监测能力，并实现资料共享。如优选部分国家援助建设探空示范站，增强中国天气上游区实时资料获取能力。
遥感监测和卫星资料应用项目 国内建立“一带一路”卫星遥感应用中心，逐步发射“一带一路”气象小卫星星座，优化在轨气象卫星观测资源。支持、培育“一带一路”沿线国家和地区的卫星遥感应用能力建设，建立“一带一路”气象卫星国际遥感应用示范中心。以风云气象卫星监测预警产品应用为主，为“一带一路”沿线等国家提供SWAP和SMART系统，并提供技术培训，加强对该区域风云气象卫星监测预警产品服务能力。

3. 应沿线国家民生和社会需求，强化面向全球的气象服务

提升气象灾害防御能力。推进“一带一路”沿线多灾种、标准化、一体化的气象灾害风险预警业务。加强气象灾害联防和灾害风险管理领域合作，与“一带一路”沿线部分国家探索建立基于互联网的灾害性天气讨论和信息通报互动平台，实时开展有关台风、暴雨、冷空气、干旱和其他极端天气事件的灾害性天气会商。开展气象灾害风险普查、区划、评估预警以及转移等灾害风险管理以及业务预警技术与平台研发等方面的合作与交流。加强对“一带一路”沿线国家的遥感监测和卫星资料应用，在沿线国家全面推广应用中国风云系列卫星资料，为该区域天气预报及防灾减灾提供依据。完善“一带一路”气象预警信息发布网络，实现对中亚和南亚重点城市气象服务信息的全覆盖。

发展面向国际用户的气象服务业务。在“一带一路”沿线国家重要城市、港口以及重要节点开展定点、定时、定量的预报服务和基于位置和需求的气象服务。气象服

务内容上将不仅服务于第一、第二产业，而是要进一步向第三产业拓展，其中强化面向国际用户的公众气象服务和旅游气象服务。重点围绕“一带一路”沿线国家的生态旅游、历史文化旅游服务需求，完善旅游气象观测网络，探索与周边国家联合发布相关旅游景点的旅游气象信息，实现区域内重点旅游城市和4A级以上景区全覆盖。加强与“一带一路”沿线国家的航空气象服务方面的合作，重点为亚洲航空气象中心建设提供技术和平台支持，研发以卫星资料为基础的危险天气识别产品和基于多源资料的强对流监测分析预报产品，提升立体交通物流大通道气象服务保障能力。推动中国天气网、中国天气通和中国气象频道品牌化和国际化发展，联合“一带一路”沿线国家研发多语种气象服务影视节目，建立覆盖沿线重要地区的多语种精细化气象服务网站。

加强“一带一路”沿线地区交通气象服务、能源电力气象服务、电信设施气象服务以及面向区域的基础设施规划气象服务、城市发展规划气象服务。包括面向区域发展规划和重大工程建设的气候和气候变化服务（气候可行性论证服务），也包括面向工程运营、航线运行安全、管道运输安全的全天候、精细化的气象预报预警服务。

加强应对气候变化和服务生态文明保障。进一步丰富应对气候变化领域的合作活动和形式。联合“一带一路”沿线国家积极参加应对气候变化的国际合作和气候变化国际制度建设，积极主导和参与全球气候变化对“一带一路”建设的影响评估；加强气候变化风险评估和适应战略研究，积极开展气候变化对跨界河流影响评估、中亚干旱区气候变化合作，协助区域内国家完成公约机制下的国家适应战略编制等；同时，开展气候变化背景下的重大工程和重大区域性经济开发、安全运行等气候承载力评估和可行性论证工作。

强化生态文明建设、气候资源开发利用、气候安全保障等“趋利避害、减灾增收”气象服务技术的研发与应用，切实推动与中亚地区、蒙古国在沙尘暴监测预防、尘源地生态治理、荒漠化监测和防治，与俄罗斯在森林、湿地、草原保护，以及界河的生态环境保护等方面的国际合作。完善国内常规人工影响天气作业联防机制，加强“一带一路”沿线区域协调。开展“一带一路”沿线能源气象服务，重点协助“一带一路”相关国家开展风能、太阳能普查，摸清当地风能、太阳能等气象能源分布状况及变化特征，建立气象能源数据库。

专栏3　气象全球服务
区域联合气象灾害预警中心 根据相关区域的灾害防御重点需求，建立防灾减灾监测、预报预警、服务等综合技术推广示范基地；提高中国面向“一带一路”沿线区域各类产业投资、能源合作等部门和企业在建设、运行中抵御自然灾害风险的能力。

区域天气气候联合中心 加强多种观测资料在“一带一路”地区强对流、暴雨(雪)等灾害性天气预报中的应用,建立灾害性天气预警指标;研究区域极端天气气候事件时空分布规律和预报预测技术;开展“一带一路”沿线区域未来气候变化预估的合作研究等。
“一带一路”气象服务云平台 建立覆盖“一带一路”沿线国家的精细化预报服务业务,建设完善“一带一路”气象服务信息共享平台,完善面向“一带一路”沿线、一体化的气象信息全媒体(电视、网站、广播、手机客户端)开放式接口,实现“一带一路”重要城市、港口以及重要节点的定点、定时、定量预报预警服务和基于位置的服务。
全球气象预警信息共享和服务 借助WMO合作机制,推动和参与全球气象预警系统(GMAS)建设,搭建全球气象预警信息共享平台,以服务“一带一路”为试点,开展“一带一路”沿线国家气象预警制作和服务,提升公众和行业用户应对全球气象灾害的能力。

4. 推动科技联合业务融通,提升气象核心能力

共同实现气象核心业务技术新突破。加强与“一带一路”沿线国家气象机构的联系与合作。联合推进全球/区域数值预报模式的研发和应用。协同完善全球化、一体化现代天气气候业务,共同推进现代天气气候业务向无缝隙、精准化、智慧型方向发展。联合发展精细化气象服务技术,共同研发精细化的多种类数值模式产品的解释应用等核心技术,建立一体化的专业气象服务指标、模型、典型案例和相关技术方法等的知识库,实现专业气象服务的互动性、融合式和可持续发展。联合发展先进高效的综合气象观测系统,构建“一带一路”沿线国家统筹气象观测、天地空一体、实现“一网多用”的综合气象观测网,对中亚地区及南亚部分地区开展气象观测能力示范建设,提升中国资料上游区及丝绸之路经济带沿线重点地区资料的实时获取能力。

强化对沿线国家的气候预测与评估能力。建立基于日尺度资料的全球气候系统监测业务,开展对“一带一路”地区气候异常的分析研究,重点发展大气环流演变关键指数、主要影响因子、季风等主要气候现象的监测诊断技术和影响评估。发展气候异常动力分析、极端气候事件与气候灾害预测技术,提高延伸期时段内强降水、寒潮、大风、台风等重大天气气候过程转折期的预测能力。研究建立适用于“一带一路”沿线国家或区域的多模式集合预测系统,研发多模式集成客观预测与降尺度解释应用技术,开展区域内主要气候要素、全球极端气候事件和气候现象的实时预测,开发延伸期一月一季一年的集合预报、概率预报产品,提升对“一带一路”沿线各国的短期气候

预测服务能力。

提升海洋气象服务与保障能力。围绕开辟海上丝绸之路带来的与沿线国家开展海上物流信息化合作的机遇以及远洋运输安全保障和海洋生产需求，开展海上大风、大雾、台风等海洋气象灾害资料收集，建立专业化的海洋气象灾害监测预警指标体系和海洋经济气象服务指标体系；发展海上大风、海温、能见度、大雾、降水等海况预报和海洋污染扩散预报技术；开展海上船舶导航及航行风险预报相关技术研发，形成满足远洋气象导航需求的预报产品；合理利用船载气象观测设备收集航路沿线气象数据，提高海上气象监测和研究能力；深化与海事、港口、引航、渔业等部门以及相关国家的涉海监测信息共享，推动形成海洋气象灾害应急联动服务体系。

强化全球海洋气象服务发布能力，完善海洋气象广播电台布局，建设南海台风监测预警中心，建设完善南海台风监测预警及服务中英文网站。建设以海洋气象广播系统和北斗卫星预警发布系统为核心，结合电视、网络、手机等多种手段的海洋信息发布网络，实现对“一带一路”海洋信息的全覆盖。

专栏 4 气象核心业务技术
全球智能网格预报业务 分析全球主要业务模式的预报性能，在资料收集处理的基础上针对不同区域采取模式偏差订正、多模式动态集成、统计释用方法等预报技术，开展从分钟到年的无缝隙“一带一路”全球智能网格气象预报业务。
“一带一路”气象探测协调中心 在 WMO 的框架下，完善 WMO 亚洲区域气象仪器中心(RIC-Beijing)职能，新增“一带一路”气象探测协调中心作用，依托探测中心综合保障基地，统筹对合作国家观测设备建设的指导，实现合作区域设备集中运行监控，提高面向“全球监测”的气象观测技术支撑能力。
南海台风监测预警中心 加强针对南海区域台风预报预警核心技术研发等工作，着力提升南海台风预报预警水平，提高台风路径、强度预报准确率和风雨预报准确率等。针对中南半岛及北印度洋沿岸等“一带一路”域内国家，开发智能网格预报等更具针对性和实用性的业务指导产品，提升对该区域业务指导能力。

5. 助力贸易畅通，推动气象产业国际化发展

助力中国企业“走出去”战略。气象服务主动对接中国企业“走出去”战略，建立“伴随式”气象服务理念，为中国企业“走出去”和“一带一路”通路、通航、通商安全以

及沿线国家和地区提供全方位、优质气象服务保障服务。在推动相关企业“走出去”的过程中，制定科学的防灾减灾应急预案，为中国“一带一路”重点产业发展保驾护航。同时，鼓励和支持中国气象企业与“一带一路”沿线国家的企业合作，为跨境企业提供针对性专业气象服务。

推动“中国制造”气象产品输出。重点依托中国气象基础业务，通过气象装备、技术、服务能力输出以及主动参与服务市场竞争等方式，推动中国气象产业国际化发展。重点推动中国综合气象观测装备、人工影响天气装备、天气预报装备、气象应急保障装备等的输出；推动中国成熟的气象观测技术、气象数据传输技术、高分辨率区域数值预报技术、全球/区域数值天气预报技术和环境气象数值预报技术等的输出；借助中国气象部门与“一带一路”沿线国家气象部门的良好合作关系，加强对中国气象服务能力宣传和输出，扩大中国气象工作的区域和全球的影响力。

推动气象服务市场化发展。进一步修改完善规范涉外气象活动的相关法律法规和部门规章，适应“一带一路”沿线国家气象服务市场发展的需求。针对适合市场化方式提供的气象保障服务，探索政府、行业购买式发展。通过政府引导，整合社会资源和民营资本，做好信息传递、平台建设、政策保障等支持，以市场化方式促进与沿线国家政府或企业合作。以“贸易畅通”为契机，重点增加农林牧渔业、农产品生产加工、海水养殖、远洋渔业、环保产业、海上旅游等与天气、气候密切相关的气象服务产品种类，并提高气象服务的精细化、准确度。大力拓展工农业生产安全、仓储物流及电力交易等方面的气象服务市场。

专栏5　气象产业国际化

“一带一路”气象援助项目

通过技术、设备援助，强化中国气象技术标准向“一带一路”沿线国家的引领和中国优势气象技术的辐射。援助“一带一路”部分地区建设探空示范站，提升中国资料上游区及丝绸之路经济带沿线重点地区资料获取能力。援助“一带一路”部分地区重点城市建设电视演播室，联合研发“一带一路”多语种气象服务影视节目，实现对相关地区气象服务信息的全覆盖。

二、“一带一路”气象观测站网布局①

按照气象服务保障国家“一带一路”建设的总体要求，基于全球观测布局的综合考虑，在WMO气象观测系统发展框架下，重点针对“一带一路”沿线国家和地区，提

① 参见中国气象局《面向“一带一路”沿线国家和地区的气象观测站网布局方案》。

出了“一带一路”沿线国家和地区气象观测站网布局。

(一)“一带一路”气象观测站网布局目标

1.“一带一路”气象观测站网布局设计思路

借助WMO观测系统结构框架，构建天基观测为主、科学观测试验先行、地基标校和少量关键点为辅的综合观测能力。通过梳理和整合现有观测站网资源，分析能力不足，依托中国气象局与国际组织间的合作协议，瞄准国家“一带一路”布局优先发展需求，构建涵盖不同类型参数、具有全球代表性的地基观测能力，面向“一带一路”沿线国家和地区的预报与服务业务的天空地一体化综合气象观测站网。

2.“一带一路”气象观测站网建设目标

总体目标。面向“一带一路”沿线国家和地区的预报与服务业务需求，增加卫星观测能力，优化调整卫星观测布局，依托已有国内地基观测设施及GTS全球交换数据，建设面向不同类型参数，涵盖陆地、大气、海洋、空间天气等主要产品门类，覆盖“一带一路”沿线国家和地区，具有业务化运行能力的天空地一体化气象观测站网。加强观测资料应用支撑能力建设，为“一带一路”沿线国家和地区的预报与服务业务提供综合观测数据及观测产品的快速共享服务。

阶段目标。2017—2018年：依托中国现有观测设施，整合现有国内资源，充分利用GTS已经交换的国家和地区观测数据，初步建立“一带一路”沿线国家和地区气象观测站网主体构架。

2019—2020年：针对重点需求，适度增补观测能力，论证“一带一路”气象小卫星星座，优化在轨气象卫星观测资源，根据需要适度整合其他(国内外)观测资源，形成较系统完整的综合气象观测站网。

2021—2025年：面向全球，依托中国气象局(CMA)与WMO签订的合作协议，结合国家“一带一路”相关投入，通过双边、多边、境外使领馆、海外台站、海外基地等多种途径，建成覆盖“一带一路”沿线国家和地区的气象观测站网，逐步发射“一带一路”气象小卫星星座。

(二)“一带一路”气象观测站网布局优先领域

1. 天基(卫星)观测

气象卫星具有“站得高、望得远”的优势，中国风云气象卫星发展迅速，目前在轨卫星包括FY-2D、FY-2E、FY-2F和FY-2G等风云二号静止卫星，FY-3A、FY-3B和FY-3C等风云三号极轨卫星，以及刚刚发射的FY-4A风云四号静止卫星，现已形成多颗静止气象卫星在轨备份，联合极轨气象卫星及国外卫星实现灵活多变的观测模式。“一带一路”倡议要求气象观测也要走出去，并且尽可能把其他国家卫星数据引进来。具体包括以下几方面。

(1)气象卫星观测优化仿真系统。中国在轨可用的静止轨道气象卫星,多个轨位可以提供不同重点区域的地面观测资料,对“一带一路”的观测支撑能力也不尽相同,最西边的79°E轨位可以提供西达欧洲西部的全圆盘覆盖,基本可以覆盖“一带一路”沿线国家和地区;未来风云三号晨昏轨道卫星的发射,可以将风云极轨气象卫星全球覆盖的时间分辨率从6小时一次提高到4小时一次。

建设气象卫星观测优化仿真系统包括4方面工作,即轨位/轨道分析、模式仿真分析、卫星管理分析、数据标定与分析。该优化仿真系统根据中国风云气象卫星在轨情况、预期寿命以及仪器的搭载情况,仿真分析不同空间段、时间段条件下静止和极轨气象卫星观测能力配置及相关产品对“一带一路”布局的观测支撑,并基于卫星观测能力,设计自主可控的卫星观测管理方案,包括机动观测、加密观测、区域观测等,通过轨位/轨道优化调整和工作模式灵活搭配,实现对“一带一路”国家和地区的高时效、高性能气象观测,加强对“一带一路”倡议的气象卫星观测支撑。

(2)国外气象卫星资料共享。“一带一路”陆地走向主要为中国向西,风云静止轨道卫星主要覆盖西太平洋、大洋洲、亚洲和欧洲东部部分地区,欧洲静止轨道气象卫星则对中国西部境外包括中亚、西亚、欧洲和非洲有较好的观测效果,因此,在引进欧洲静止轨道气象卫星数据的同时,通过欧洲气象卫星资料分发系统推广风云静止轨道气象卫星数据,可进一步推进中国静止轨道气象卫星数据在“一带一路”国家的应用。

在WMO全球卫星资料交换和共享框架下,中国气象局国家卫星气象中心建立了CMACast系统,将风云卫星数据和主要业务产品纳入共享服务范畴,中国境内及亚太区域、东欧和东部非洲等2500多个用户,通过CMACast接收站及配套服务软件,可实现风云卫星资料的实施接收与应用。另一方面,中国气象局国家卫星气象中心通过EUMETCast,实现了欧盟气象卫星数据和产品的实时接收与应用,后续将推进风云气象卫星数据和产品经EUMETCast的实时接收与应用。针对“一带一路”沿线区域,特别是“海上丝绸之路”域内国家和地区,将通过援助建设、合作建设的方式,为“一带一路”重点工程建设、港口和航道服务布设CMACast接收站及配套服务软件,支持和培育“一带一路”沿线国家与地区的遥感应用服务能力。

(3)“一带一路”气象小卫星星座规划。小卫星具有研制性价比高、周期短、任务专一、有利于为先进载荷提供独特资源保障、姿态敏捷、易实现高精度监测、轨道设计灵活等诸多特点,可以弥补已有中大型卫星的不足,特别是小卫星多星组网技术,能满足全天时和加密观测等应用需求,减少甚至克服已有卫星系统的观测与应用盲点。

为满足“一带一路”对高时效、高分辨率天气和大气环境要素的观测需求,优选成熟载荷和应用技术,建立“一带一路”气象小卫星星座,扩展现有风云气象卫星对“一带一路”区域,尤其是中亚和印度洋区域的观测能力。在未来5～7年时间内,研制一个由10颗重量为150～250千克的微小卫星组成的星座和1颗重量为500千克的小卫星(10＋1),结合已有卫星系统,通过米级空间分辨率相机、多光谱相机、闪电成像仪、红外云探测载荷、紫外臭氧探测载荷和激光雷达等仪器的联合应用,实现“一带一路”沿线国家和地区,尤其是青藏高原及周边区域的天气、大气和生态环境观测以及边境安全高密度监测等功能,满足“一带一路”地区高时效、高精度、灵活机动的持续稳定遥感探测应用需求,提高气象天基(卫星)观测能力。

2. 空基气象观测

结合WMO国际交换探空站,升级和新建空基气象综合观测系统,提供高空间分辨率、高时间分辨率和高辐射精度的“三高”观测数据,完成数据处理与应用示范研究。实现对“海上丝绸之路”重要港口和航道及“一带一路”重点区域的持续、稳定和有效观测,为渔业、海上作业和航运等安全保障提供及时、精确的气象信息;针对快速发展的天气过程实现快速响应观测,响应时间小于10分钟,为“一带一路”国家和地区的经济发展、防灾减灾提供新型观测手段,尤其加强对重要工程的气象服务和保障;根据高精度辐射基准仪器,通过有人机系统与卫星的同时观测开展比对校正,实现对卫星观测数据的高精度辐射定标,进而通过卫星实现更大范围的辐射定量观测。

(1)探空观测

——“一带”区域的建设。“丝绸之路经济带”区域的站网建设,主要为保障中国与沿线各国之间在自然灾害防御领域的利益、责任共同体,提升中国在全球范围内的灾害监测预警能力,有效提高沿线各国政府应对灾害的风险管理水平,减轻各国人民生命财产损失,为中国“一带一路”倡议发展提供科技保障。

“一带”区域探空站网目前在中国天气上游区分布存在较为稀疏的区域,根据中国天气上游区监测需求,在中亚探空稀疏地区建设10个探空站,使上游的探空站网密度至少达到500千米。采用GPS/北斗探空体制,至少每天进行2次探测。因常规探空受空域、人员等因素影响,建设地点选择现有人工值守的地面观测站且能够获得空域许可的地址。

在巴基斯坦和阿富汗等国家,围绕中巴经济走廊建设需求,把巴基斯坦和阿富汗两国从中国红其拉甫至巴基斯坦瓜达尔港沿线的11个高空测风站升级为全要素高空气象站,并加入WMO常规探空网络和全球资料交换网络,实现资料全球共享。

在探空基础上,在临近中国地区补充12个对流层风廓线雷达和微波辐射计,进行风、温、湿廓线垂直连续自动探测。

——“一路”区域的建设:“21世纪海上丝绸之路”的探空网建设,主要依靠沿线国家陆地或岛屿的地址建设,拟建设9套GPS/北斗探空系统。考虑到航线密集、空域申请存在一定困难的现状,“一路”区域探空网主要以地基遥感的方式进行补充。建设地点选择在中国国家海洋局14个综合观测站地址各建设一套对流层风廓线探测仪器、微波辐射计和云雷达。

(2)航空观测

——固定翼无人机为载体的快速响应系统。针对“一带一路”地区和国家气象观测发展不均、气象观测资料亟需补充、卫星观测数据辐射质量亟待提高等问题，依托国家级部门强大的科研业务能力，在辐射定标场及产品真实性检验场部署1～2套无人机快速响应系统，以灵活机动的固定翼无人机作为载体，搭载温压湿风等气象传感器和光学观测设备，实现对迅速多变的典型天气系统的临近巡航观测。通过对航线的有效规划，提供高精度的三维气象环境观测，为星地一体化协同观测科学实验和“一带一路”典型地区(如中巴经济走廊等)提供多变天气系统的精确观测资料，用以解决高辐射精度卫星观测和区域气象高精度观测的星地协同观测检验验证与匹配使用问题，为“一带一路”走出去的倡议提供延伸气象服务的重要手段。

——有人机为载体的高精度辐射标校系统。面向“一带一路”气象服务高精度、精准化的气象观测需求，基于“一带一路”沿线中国气象局相关省级气象局在有人机气象服务方面的丰富经验，利用有人机强大的载荷挂载能力，搭载先进的通道式和高光谱定量观测仪器，星地一体化协同观测获取大面积中高空观测数据，通过后续数据处理，对卫星观测和无人机观测数据进行高精度辐射标校，订正观测偏差。有人机系统是星地协同观测不可或缺的重要组成部分，它将辅助卫星实现高辐射精度的天基观测，通过为“一带一路”走出去提供基础性的高精度气象观测数据支撑。

3. 地基气象观测

(1)天气雷达观测

——新一代天气雷达。新一代天气雷达观测网的布设瞄准亚洲中蒙俄短临灾害天气观测、西太平洋灾害天气观测和印度洋港口航道天气服务观测，主要涉及蒙古—中亚地区、东南亚地区以及“海上丝绸之路”沿线覆盖区域，重点是蒙古高压、西南季风和南海季风的影响区域。在中亚地区、东南亚地区拟建站点按照雷达站点间距300～400千米的原则布设，南海周边站点间距在500～600千米。此外，考虑海外观测基地和综合观测科学试验的需求，在“海上丝绸之路”沿线覆盖区域规划建设部分天气雷达站。新一代天气雷达观测网拟建30部新一代天气雷达，包括在“一带”区域内中蒙俄经济走廊的中东部、新亚欧大陆桥与中国—中亚—西亚经济走廊的东侧布设9部，在“一路”区域内孟中印缅经济走廊和中国—中南半岛经济走廊以及赤道区域布设21部。其中，8个布站点与拟建的垂直观测站同址。

——局地天气雷达观测站。根据“一带一路”倡议国家外交(援助)和气象保障的需求，同时考虑当地建设的可行性，研究在部分重点服务城市和港口建设X波段局地雷达。

(2)海洋观测

——海洋浮标观测资料数据收集处理中心。国际海洋浮标观测网主要涉及“海上丝绸之路”沿线覆盖区域，重点是西太平洋和印度洋。目前中国在此区域的浮标观测非常少，拟依托经济发达的海岸、海岛、“一路”域内中国可控的海港和石油钻井平台等，建设海洋浮标资料收集处理中心，通过国际合作实时或近实时获取大洋浮标资料，并在WMO允许的框架协议下，转发这些资料给域内相关合作国家与机构，以满足“海上丝绸之路”所涉及的海洋预报、天气与气候系统监测等应用需求。另外，利用国际考察航次布放若干中国的漂流浮标，利用中国相关科研院所海外基地的海上平台布设观测设备，并纳入海洋浮标观测资料数据收集处理中心进行管理和服务。

——海洋平台/海岛观测站。海洋平台站主要利用中国海外石油平台和港口搭建观测系统，观测项目可包括近海面风、温、湿、压、海气通量观测，以及垂直廓线观测，海面下次表层和洋流观测(注：海外石油平台及港口具体位置信息暂不提供)。

(3)大气环境观测

风云气象卫星的气溶胶及沙尘定量产品主要为光学厚度。地基CARSNET观测可以用于卫星反演气溶胶产品、大气成分产品的精度检验。从现有业务观测站点分布来看，西北到华北区域，沙尘的源地和路径上布站较密集，而在东北和华南地区，布站则比较稀少。中国境外的“一带一路”沿线区域，同样缺少沙尘、气溶胶和温室气体观测。此外，国家气象信息中心存储的观测数据目前是未经质量控制，对于数据验证应用会带来较大的误差。

依托中国气溶胶监测网(CARSNET)，沿主要沙尘和污染物入境中国的上游地区，北方沙尘源区和输送路径上，在“一带一路”国家和地区建设大气环境观测站点。在业务数据处理过程中增加质量控制，如云影响的滤除等。

依托海外综合气象观测基地，建设大气环境观测站，增加气溶胶、沙尘、温室气体等观测设备，满足卫星遥感产品订正和大气环境服务产品制作的基本需求。

4. 综合观测应用设计

综合观测系统是满足不断增长的气象观测需求的必由之路，也是全球气象观测的发展趋势。参照2015年WMO牵头制订的“WMO全球综合观测系统(WIGOS)2040年远景发展规划”，这里的综合观测应用设计旨在通过综合观测提高观测数据的空间分辨率、时间分辨率和辐射定标精度以及产品反演精度，为“一带一路”沿线国家和区域提供区域综合气象观测，获取可共享的高空间分辨率、高时间分辨率和高辐射定标精度的“三高”气象观测数据。

WMO在世界推行需求滚动评估(RRR)工作，通过数值模式试验滚动评估探测能力对预报等应用需求的满足程度，并将结论反馈给观测系统用于优化站网布局，最终实现以需求为导向的天地空一体化观测网布局优化设计(图6.1)。

综合观测科学试验主要是通过天基、空基和地基多平台观测的联合设计与协同应用，开展RRR试验，获取符合WIGOS规划的百米量级、高辐射精度的三维气象观测数据，为中小尺度尤其是极端天气科学研究，为卫星遥感数据辐射定标精度和定量遥感产品反演精度的提高，提供必要的观测手段和观测数据。

(1)综合观测科学试验。针对关键大气参数辐射传输机理与卫星产品真实性检

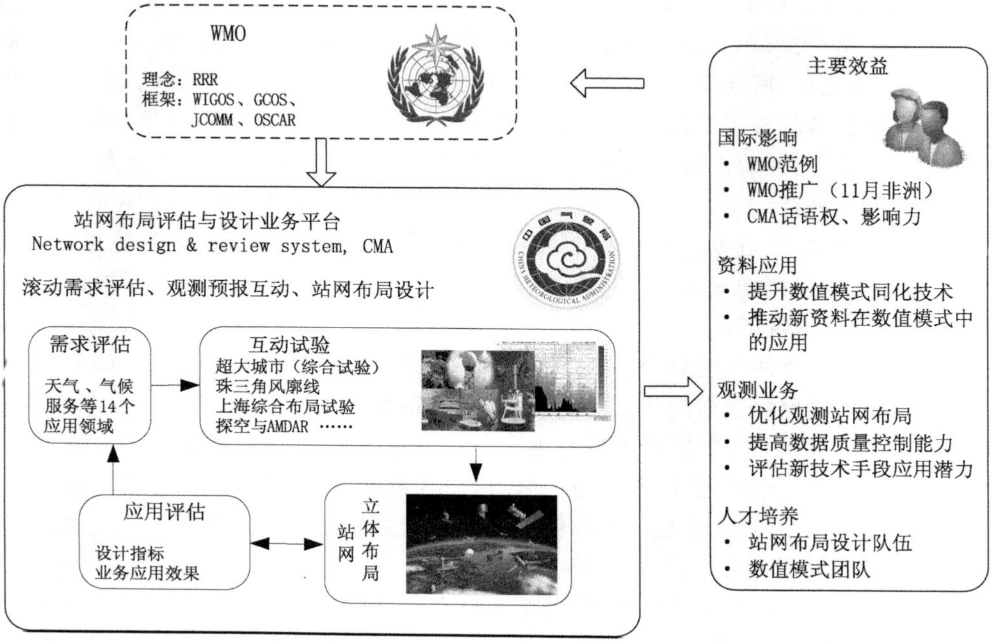

图 6.1　WMO 需求滚动评估(RRR)示意图

验需求、“一带一路”沿线国家和地区重点天气与气候科学问题，设计并组织综合观测科学试验。利用 RRR 方法设计天空地一体化综合观测布局方案，并按重要性和条件成熟度分阶段实施综合观测科学试验，揭示“一带”与“一路”地区重点天气与气候过程、灾害天气形成过程的科学机理。通过天空地一体化综合观测试验、“一带”沿线国家和地区综合观测科学试验、“一路”沿线国家和地区综合观测科学试验，解决关键大气参数辐射传输与卫星产品尺度转换、中亚半干旱地区(“一带”)天气和气候过程中的陆气交换机制与灾害天气发生机制、中国东南部与东南亚地区(“一路”)的云水输送过程与平流层—对流层交换机制等代表性科学问题。

——天空地一体化综合观测试验。

试验一:天空地一体化多要素协同观测试验

试验目标:建立天空地一体化的大气探测综合观测布局，获取中亚地区天空地多平台大气立体综合观测和探测数据；揭示关键大气参数的辐射传输机理，实现对观测资料进行必要的数据质量控制、精度订正，以及多源观测资料的信息融合；提高定量化观测的精度，充分满足目前“一带一路”国家和地区重点区域和突发气象灾害的观测需求。

试验内容:通过 WMO 需求滚动评估试验，提出面向“一带一路”国家和地区的一体化综合观测系统布局的优化设计方案，通过地面、高空、卫星和雷达观测手段，对域内国家和地区的地面、近地层、边界层、对流层和平流层进行大气垂直结构多平台、多要素协同探测，构建区域三维立体和点线面结合的大气协同观测系统，实现观测信息的合理配置和利用，以及观测成本的合理控制；基于不同探测平台和探测手段，开展多平台多要素大气观测资料的订正与融合。对上述观测资料进行必要的数据质量控制、精度订正，以及多源观测资料的信息融合，以满足天气预报尤其是高精度数值天气预报和极端天气短临预报的业务观测需求。

观测项目：基于星机地同步匹配的卫星、航空平台（固定翼无人机、旋翼无人机等）和地基站网，加密加强同步测量地表和大气的关键辐射特性参数及其状态，同步观测温、湿、压、风廓线等要素。

拟解决的关键科学问题：天空地一体化大气探测协同观测布局设计与滚动评估，中亚地区关键大气参数（温、湿、压、风廓线等）的垂直分布特征，天空地一体化大气观测资料的质量控制和精度订正、天空地一体化大气协同观测资料融合。

试验二：天空地一体化卫星定量产品多尺度综合观测试验

试验目标：由于观测视场等因素，卫星观测具有显著的尺度效应，无法等同于地面站点尺度的观测结果。为了验证卫星定量遥感产品的真实性和精度，需要开展基于天空地不同空间尺度的物理要素观测，探索不同空间尺度下物理要素时空分布规律与定量产品精度的关系，进而实现不同探测方式下观测结果的转换和统一。

试验内容：开展卫星定量产品多尺度综合观测设计、组织实施卫星定量产品多尺度综合观测试验；在一定的空间尺度范围内布设多个观测点，实现空间组网观测，开展多尺度综合观测试验数据分析，建立关键卫星定量产品的多尺度转换关系；开展产品真实性检验，完成像素级空间尺度水平的卫星产品检验。

观测项目：基于星机地同步的航空平台（固定翼无人机、旋翼无人机等）大气与陆表要素观测；基于地面组网的大气与陆表要素观测。具体涉及地表和大气的关键辐射特性参数同步测量，地面光谱观测，红外地表发射率、微波地表辐射、地面方向反射特性的观测等。

拟解决的关键科学问题：天空地一体化综合观测系统的优化设计问题；点线面立体观测的尺度转化问题；地表辐射特性的精确测量与自动化连续观测问题等。

——“一带”沿线国家和地区综合观测科学试验

试验一：陆面—边界层综合观测

科学目标：在“一带”沿线的西亚和中亚荒漠区腹地设立陆面过程关键参数观测站，开展基于综合观测手段的地表特征、能量收支与土壤水热状况及边界层观测；提出复杂下垫面典型边界层过程的区域及代表性特征，设计边界层通量观测站点位置；设计获取适用于评估、改进区域陆面、边界层过程关键参数的观测方案；解决复杂下垫面边界层通量观测站同模式和卫星产品的点—面代表性问题。

主要观测试验项目：边界层通量观测——风、温度、湿度梯度，气压、降水量，三维的风、温度脉动量，大尺度感热通量等；能量收支与土壤水热状况观测——长、短波辐射，地表温度，土壤热通量，表层土壤湿度、深层土壤温度和含水量等；生态与环境要素观测——地面光谱、红外地表发射率、微波地表辐射、地面方向反射特性、积雪深度和密度、雪水当量、叶面积指数、植被覆盖度、反照度、土地覆盖类型等。

拟解决的关键科学问题：复杂地形下，雷达、GPS/MET 水汽、飞机探测、风廓线仪、平流层探测、卫星观测等数据的质量控制技术；常规观测、自动气象站观测、卫星和雷达探测的云参数、降水、大气结构以及平流层－对流层交换关键要素的融合技术；基于陆面模式和多源观测的陆面资料同化分析技术；利用试验期间多种观测资料，基于现有较成熟的区域模式和同化技术的大气分析和再分析技术；热源/热汇的计算方法，高原荒漠独特的地气热量和水分交换过程，适用于高原荒漠典型下垫面特征的陆面过程和边界层过程物理模型。

试验二：目标区与下游灾害天气发生的适应性观测

科学目标：测试分析中国区域灾害天气前兆性“强信号”关键区；设计对中亚、西亚高原荒漠关键区及与其大气结构“强信号”响应显著的下游关键区的观测站布局；设计高原荒漠及其下游灾害性天气过程综合观测试验。

主要观测试验项目：以常规和加密探空观测、常规地面观测及多种雷达观测为主体，获取中亚、西亚高原荒漠与下游地区的温、湿、风、地面降水、回波强度三维结构、水汽总量等。

拟解决的关键科学问题：天气系统三维结构特征及形成演变机理；复杂地形条件下中尺度对流云团的组织化；高原荒漠与周边地区天气系统的多尺度相互作用；高原荒漠区天气系统突发与移出的物理机制；移出高原荒漠区的天气系统与下游天气系统的多尺度相互作用。

——“一路”沿线国家和地区综合观测科学试验

试验一：云降水物理过程与大气水循环综合观测

科学目标：实现对“一路”沿线及青藏高原的大气水循环综合观测；提出在高原南部对流云频发区的对流云系统代表性特征，设计“一路”沿线及青藏高原云降水物理过程观测站的布局；解决复杂地形下云降水物理过程观测的点－面代表性问题；解决复杂地形下卫星遥感大气探测产品的校验问题；设计获取云降水物理过程关键参数观测方案。

主要观测试验项目：基于探空、GPS/MET 水汽、新一代天气雷达、风廓线与地面综合观测网和多种新型雷达观测系统，在加密观测试验区开展大气三维温、压、风、湿、地面雨量和蒸发、水汽含量、云降水微物理特征、降水系统三维结构和动力参数观测。其中，云降水物理过程观测包括云降水微物理和动力参数垂直结构观测，云降水微物理参数飞机观测，结合新一代天气雷达和可移动式多普勒/双线偏振雷达观测。

拟解决的关键科学问题：云、降水空间结构及时空变化特征，复杂下垫面下的地面蒸发估计及其时空变化特征，大气水分收支时空变化特征及其与云、降水的关系，高原复杂地形下大气水循环特征及机理。

试验二：平流层—对流层交换观测

科学目标：结合“一路”沿线区域现有气象业务站观测、卫星资料、数值模式数据以及区域地形、大气环流特征和周边污染物可能的输送通道，设计平流层—对流层交换的关键示踪物及相关大气成分的观测站点布局。

主要观测试验项目：依托已有的常规探空站网、GPS/MET、天气雷达以及风廓线仪、地面观测站网，建立大气结构东西剖面和南北剖面观测网，开展地面至35～40千米探空观测，观测内容包括臭氧、水汽；在上述观测网部分站轮流开展对流层—平流层水汽、气溶胶粒径谱、气溶胶/卷云后向散射强度和对流层二氧化氮柱含量；在南亚输送通道关键点开展臭氧、CO等反应性气体及部分示踪物观测；在“一路”沿线重点地区开展铍-7、铍-10、铅-210等示踪同位素观测。

拟解决的关键科学问题：对流层顶附近大气热力、动力过程及其大气化学空间分布特征，平流层—对流层大气动力、热力过程相互作用机理，平流层—对流层大气成分交换过程及其对大尺度大气环流的影响。

(2)卫星遥感器在轨辐射定标场网建设

随着卫星观测能力的不断增强，观测手段和卫星载荷逐步多样化，包括红外高光谱垂直探测仪器、闪电成像仪、降水测量卫星、晨昏轨道卫星的投入使用，目前的中国遥感卫星辐射校正场定标方法和定标场地已经无法满足未来发展和全球对地观测的需要，传统的人工观测和单次或几次观测已不能满足卫星遥感器在轨定标和遥感数据定量化应用的需求，亟需将场地的地表和大气光学辐射特性观测推向全自动、连续观测的阶段。对中国遥感卫星辐射校正场进行升级和海外扩充，建设新的定标场，购置新的观测仪器设备。针对光学载荷在轨辐射定标，拟在中亚和北非高反射沙漠区建设自动化的地面观测基地；针对微波载荷，拟在东南亚热带雨林区和巴西亚马孙热带雨林建设自动化的地面观测基地；在南海建成多卫星序列兼容的海上辐射校正检验场，具备对可见光水色弱光信号、红外辐射和微波多光谱频段的辐射校正和真值检验能力。以满足卫星遥感器在轨绝对辐射定标需求。

风云卫星“一带一路”辐射校正与检验场地建设是针对新一代风云三号和风云四号光学遥感仪器L1产品，在大气清洁、下垫面特性均匀的地区（如沙漠、干盐湖、洁净海洋等）建立辐射校正业务观测站，开展可见光和红外辐射级产品定标和检验，进行包括地表反射率，可见—红外的上、下行光谱辐射，大气温、压、湿、风及廓线，气溶胶光学与物理特性，水体温度、上下行光谱辐射、压力、叶绿素浓度廓线等目标在内的业务测量、处理、分发与仪器标校，并开展新一代风云三号和风云四号被动微波仪器的辐射校正，适当兼顾微波仪器观测大气地表要素的真值检验。

针对“一带一路”沿线国家和地区，在前期已经建立的敦煌、青海湖、思茅三个中国遥感卫星辐射校正场基础上，大力拓展海上、国外甚至全球地面辐射校正检验场网，实现风云卫星全球和全天候的可见、红外和微波遥感仪器辐射校正和初级产品的真值检验，需要完成的遥感数据定标和产品检验内容见表 6.1 和表 6.2。卫星遥感器在轨辐射定标场网包括中国南海、中亚、北非和南美多个场地。

表 6.1 光学仪器外场定标检验

序号	被检验产品名称	观测内容	试验场	仪器设备
1	FY-3/MERSI-S L1 辐射产品	陆表反射率、水表遥感反射率、陆/水表红外辐亮度和温度、气溶胶光学特性、大气探空廓线、臭氧总量、全天空云量等	敦煌，国外沙漠，干盐湖，三沙水体	CE318-BRDF，SeaPRISM，光学浮标
2	ERM-II/L1 产品	大气温湿廓线、气溶胶、地表温度、反照率	敦煌，国外沙漠，干盐湖，三沙水体	常规观测仪器
3	FY-3/HIRAS L1 辐射产品	观测地表温度，大气探空廓线	（待定）	地基红外高光谱 FIR 仪器
4	FY-3/MERSI-LL/微光通道	人工光源辐亮度和大气廓线观测	（待定）	人工光源
5	MERSI-LL L1 辐亮度（反射率）产品	月球全圆盘等效辐照度和月球全圆盘高分辨率辐亮度	青海湖，丽江	通道式月球辐照度仪、高光谱成像仪、高光谱辐照度仪
6	FY-4/AGRI L1 辐射级产品	陆表反射率、水表遥感反射率、陆/水表红外辐亮度和温度、气溶胶光学特性、大气探空廓线、臭氧总量、全天空云量等	敦煌，国外沙漠，干盐湖，三沙水体	CE318-BRDF，SeaPRISM，光学浮标

表 6.2 微波仪器外场定标检验

序号	被检验产品名称	观测内容	试验场	仪器设备
1	MWRI L1 产品	地基微波辐射计观测地面辐射亮温、地基微波辐射计有效观测范围内各层温度、干湿球温度、探空结果	思茅，巴西热带雨林	RPG-8CH 地基微波辐射计、铂金电阻温度计、干湿球温度计、探空气球

续表

序号	被检验产品名称	观测内容	试验场	仪器设备
2	FY-3 微波温度计 L1 产品 HDF	地表土壤水分/温度/大气温湿度廓线，车载地基微波辐射计亮温	思茅，巴西热带雨林	RPG 地基微波辐射计、探空气球、TDR、埋深式温湿度传感器、干湿球温湿度计、GPS
3	风场测量雷达	ARC 收发数据，探空数据，地面温度、湿度，风速风向等	思茅，巴西热带雨林	ARC、探空气球、温湿度计、风速风向仪、GPS 等
4	降水测量雷达接收功率	降水测量雷达发射、接收功率，大气温湿度廓线	敦煌，青海湖，思茅，巴西热带雨林	降水测量雷达主动雷达定标器(ARC)，大气校正微波辐射计
5	降水测量雷达反射率因子	雷达反射率因子廓线	敦煌，青海湖，思茅，巴西热带雨林	降水测量雷达同频段机载双极化雷达

——南海辐射校正检验场网。中国南海水域的辐射校正场充分利用后勤给养充足、水体干洁等优势，完成水体离水辐射，水表发射率、水表辐亮度、水表反射率，气溶胶光学厚度、水汽总量，云量，风矢量，大气廓线等观测。具体布设的仪器包括：CE318-BRDF，SeaPRISM，光学浮标，大洋浮标观测系统、全自动自校准红外辐射计、全天空成像仪、太阳光度计、自动气象站、激光雷达、微波廓线仪、自动探空系统、DCP 传输系统、北斗传输系统等水表大气参数自动化观测设备和数据传输系统。南海辐射校正检验场将成为中国首个多卫星序列兼容的海上辐射校正检验场，具备对可见光水色弱光信号、红外辐射和微波多光谱频段的辐射校正和真值检验能力。

——中亚和北非高反射沙漠区辐射校正场网。中亚和北非高反射沙漠区辐射校正场网包括巴基斯坦的 Thar-Cholistan 塔尔-焦利斯坦沙漠，沙特阿拉伯的 Arabia2 沙漠，埃及的 Egypt 沙漠，土耳其的 Tuz Golu 图兹盐湖，利比亚的 Libya 沙漠。针对这些高亮度的沙漠开展地表反射率，气溶胶光学厚度、水汽总量，云量，风矢量，大气廓线等要素观测。具体需要布设的仪器包括：CE318-BRDF，全天空成像仪、太阳光度计、自动气象站、激光雷达、微波廓线仪、自动探空系统、DCP 传输系统、北斗传输系统等水表大气参数自动化观测设备和数据传输系统。中亚和北非高反射沙漠区辐射校正场将成为中国在中亚和北非地区的不同亮度的均匀沙漠辐射校正检验场，具备对中高亮度的太阳光谱段的辐射校正和真值检验能力，实现宽动态范围的高频次定标检验。

——南美洲辐射校正场网。南美洲具有离赤道近、太阳光照几何优越的特点，特别是巴西的亚马孙热带雨林，可作为地球目标被动微波辐射均匀的优选地区，本方案拟在此建立微波辐射校正场。另外，南美玻利维亚的 Uyuni salt Flats 乌尤尼盐湖和秘鲁的 Sechura 塞丘拉沙漠，也是对地观测卫星经常采用的地面高亮度目标。针对高亮度的沙漠开展地表反射率，气溶胶光学厚度、水汽总量，云量，风矢量，大气廓线等要素观测；针对热带雨林开展微波地表发射率、风矢量、水汽总量、云量等地面观测。具体需要布设的仪器包括：CE318-BRDF，全天空成像仪、太阳光度计、自动气象站、激光雷达、微波廓线仪、自动探空系统、DCP 传输系统、北斗传输系统等水表大气参数自动化观测设备和数据传输系统。南美洲辐射校正场将建成中国高亮度辐射校正检验和微波定标检验场，具备对高亮度的太阳光谱段和被动微波的辐射校正及真值检验能力。

(3)定量遥感产品真实性检验场网建设

通过各类地基观测数据来检验不同卫星的数据传输、遥感探测仪器性能、卫星数据和产品的可靠性以及地面系统运行状况等。定量遥感产品真实性检验对于卫星产品算法精度改进具有重要作用。风云系列气象卫星应用产品主要包括陆表产品、海洋产品、大气产品、空间天气产品等几大类，然而针对卫星定量遥感产品的真实性检验还几近空白。基于对气象卫星遥感应用飞速发展的考虑，本方案将建立风云卫星产品真实性检验站网，统筹资源，提供多时相、多站点、不同气候条件的仪器观测数据，为定量遥感产品检验提供数据积累和保障。

任务一：定量遥感产品真实性检验场网布局与设计。

建设目标：依托“一带一路”沿线国家和地区气象观测站网布局，建设定量遥感产品真实性检验场网，提高风云卫星定量遥感产品真实性检验站网的观测和支撑能力。在“一带一路”沿线国家和地区优先建设地基站网观测系统，充实观测内容，完善观测平台，逐步加强地基组网观测能力，并不断优化地基观测系统、加强全球地基观测网络构建，加强海外地基观测设施建设。

建设内容：“一带一路”沿线国家和地区定量遥感产品真实性检验场网布局设计，包括观测场站的类型、数量、地理位置、选址特征、基础地理与气象条件等；定量遥感产品真实性检验场网观测内容设计，包括观测参数、观测站点数量、站点空间观测布局、时间观测频次、观测数据基础整理等。

拟解决的关键科学问题：定量遥感产品真实性检验场网如何布局，定量遥感产品真实性检验场网观测什么，定量遥感产品真实性检验场网如何开展多尺度观测等。

任务二：定量遥感产品真实性检验场网建设与运行。

建设目标：依托“一带一路”沿线国家和地区气象观测站网建设，在真实性检验场网布局设计、真实性检验场网观测内容设计等基础上，建设定量遥感产品真实性检验场网，实现定量遥感产品真实性检验场网试运行。

建设内容：定量遥感产品真实性检验场网观测设备选型与购置；定量遥感产品真

实性检验场网安装与运行。

拟解决的关键科学问题：定量遥感产品真实性检验场网布局方案；定量遥感产品真实性检验场网组网方案。

(4)天空地一体化综合观测调度处理平台

基于“天地统筹，以星为主”的观测站网建设理念，针对“一带”区域气候和灾害观测服务、“一路”区域天气和灾害观测服务所需的天空地一体化综合观测业务，依托覆盖“一带一路”的气象卫星观测优化仿真系统，设计和开发天空地一体化综合观测调度处理平台。该平台将对特定服务区域和特定服务时段，实现极轨和静止卫星过境观测时的可用三维格点场地气观测数据和产品，探空、雷达和地基观测的三维离散化(或区域化)观测和探测数据；在空间分布和时间变化上，统一进行模拟预报和实时观测监控。紧急服务情况下，如果根据模拟预报发现预期观测资料不足，可快速发出供卫星区域加密观测、空基临时观测、地基和探空调配观测等任务指令制定者参考的决策依据。

天空地一体化综合观测调度处理平台还具备以同种气象观测要素为目标，协同处理天地空多源观测资料，实现动态化、三维、全天候、多时空尺度、网格化气象观测要素的高效集成处理，重点发挥卫星和雷达的快速、可视化观测优势，以及地面和探空的精准、代表性点观测优势，针对“一带一路”沿线国家和地区的地形、地势，结合天气、气候、环境和灾害特点，通过插值、订正和尺度变换等多种技术手段，为天气预报、气候预测、气候变化分析、环境监测评估、防灾减灾、科学研究等提供多源协同观测资料，提升“一带一路”气象保障和公众气象服务能力。

5. 观测资料综合应用体系建设

(1)建立 2 个“一带一路”卫星遥感应用支撑中心(国内)

依托陕西省卫星遥感应用中心(西安气象大数据应用中心)和广东省卫星遥感应用中心(广州气象卫星地面站)，建立“一带一路”卫星遥感应用支撑中心，实现卫星数据的接收处理、产品生成、分析应用、存储分发等一体化服务功能，兼顾国内外天空地观测站网资料的收集、处理和应用。其中，陕西省卫星遥感应用支撑中心辐射“一带”沿线国家和地区，广东省卫星遥感应用支撑中心辐射“一路”沿线国家和地区，两个中心将提供高时效、综合性、专业化的气象数据，以及应用分析服务和教育培训支撑。

(2)支持培育“一带一路”国家和地区观测应用能力建设

——协助建立 10 个国际遥感应用示范中心。支持、培育“一带一路”国家和地区的卫星遥感应用能力建设。在 10 个国家，分别建立“一带一路”气象卫星国际遥感应用示范中心，实现多源卫星、特别是风云气象卫星的数据接收、产品处理、分析应用等一体化应用示范，分别为中蒙俄经济走廊、中国—中亚—西亚经济走廊、中巴经济走廊、孟中印缅经济走廊、中国—中南半岛经济走廊提供高时效、综合性、专业化和国际化的卫星遥感应用服务支撑。国际遥感应用示范中心的空间布局。

——打造 3 套多源卫星资料接收和处理系统。完善和发展 FY-3 数据接收处理系统、FY-4/HRIT用户利用站和CMACast接收站及配套服务软件，为“一带一路”国际遥感应用示范中心提供数据和产品支撑。FY-3数据接收处理系统集多种型号极轨卫星跟踪、数据接收、数据预处理和产品生成为一体，具有高自动化程度、时效性和可靠性，是采用功能分布体系结构设计的新一代气象卫星数据用户直收站系统；FY-4/HRIT用户利用站集FY-4卫星跟踪、数据接收、数据处理和产品生成为一体，具有较高自动化程度、时效性和可靠性，采用功能分布体系结构建设的新一代气象卫星数据用户直收站系统；CMACast接收站，将风云卫星数据和主要业务产品纳入共享服务范畴，中国境内及亚太区域、东欧和东部非洲等区域用户，可通过CMACast接收站及配套服务软件，实现风云卫星资料的实施接收与应用。

(3)构建1个风云卫星国际用户遥感应用服务平台

结合中国气象局《卫星遥感综合应用体系建设指导意见》，面向“一带一路”国家和地区遥感应用服务极大的差异化需求，以及卫星应用服务业务的持续发展支撑要求，根据统筹规划、优势互补的原则，整合SWAP和SMART现有技术资源，基于统一的“云＋端”技术体制(云端提供插件库及版本库管理能力，客户端提供用户可热插拔的插件集成框架)，综合考虑平台区域内用户网络等基础设施情况，提供多级别服务终端，构建集遥感云计算、微内核支持的插件工具箱以及多终端共享服务于一体的风云卫星国际用户遥感应用服务平台，实现从卫星数据调度和处理到遥感信息提取和服务产品制作再到发布的全业务链路；实现以风云卫星资料为主的多源资料在天气、地表灾害、生态农业、气候变化等领域的综合应用服务；全面提升“一带一路”国家和地区的卫星资料减灾应急服务能力。

(4)推动“中国制造”气象观测多元化输出体系建设

在努力提升“一带一路”沿线国家和地区气象观测装备专业试验、新型气象探测设备科学检测、仪器设备计量检定和测试、仪器设备运行和维护等综合能力基础上，强化综合观测气象产品输出共享，提升针对“一带一路”天气和灾害保障需求的专业化、定制化气象观测服务能力，建设综合观测气象标准体系，形成一体化综合观测理念，建设完善的专业培训系统，实现由中国牵头提升“一带一路”沿线国家和地区的综合气象观测软实力的新局面。

“中国制造”气象观测多元化输出体系建设，将依托WMO全球合作框架、政府间合作机制和平台开展，如政府间高层对话，中国一东盟、上海合作组织澜沧江东盟、上海合作组织澜沧江一湄公河、欧亚经济湄公河、欧亚经济论坛、中非合作论坛、中阿合作论坛、亚信等机制，强化区域气象观测交流，扩大与相关国际组织和机构的合作倡议，建立中国主导的“一带一路”气象观测国际联盟，建设政府、企业智库、社会组织和公众共同参与的多元合作平台。

三、“一带一路”气象预报业务布局[①]

以无缝隙、精准化、智慧型为发展方向，坚持需求牵引、创新驱动、协调发展，形成以创新为支撑的气象预报发展体制，构建与“一带一路”沿线国家开放合作的气象预报发展新格局，加快建立全球气象预报业务，大力提升气象预报准确率和精细化水平，让共建成果惠及“一带一路”沿线国家，不断拓展国际合作的广度和深度，实现共同繁荣发展。

(一)“一带一路”气象预报发展目标

按照“一带一路”愿景与行动总体部署，秉持亲诚惠容，坚持共商、共建、共享理念，遵循气象发展规律，充分利用国内国际两种资源、两个市场、两类规则，立足“一带一路”沿线国家不同发展现状，因地制宜与沿线国家共同提升气象预报水平，提高应对气候变化能力和开发利用气候资源能力，促进气象信息资源的共享，实现气象与沿线各国融合发展，为“一带一路”倡议服务。

1.“一带一路”气象预报总目标

以提高中国全球气象预报能力为核心，促进中国气象预报核心技术快速提高，扩大中国气象预报的国际影响力，“一带一路”气象预报业务整体实力达到世界同期先进水平，为“一带一路”沿线国家社会经济发展和人民福祉安全提供一流的气象预报。

2.“一带一路”气象预报分阶段目标

——到2020年：建成服务“一带一路”“预报预测精准、核心技术先进、业务平台智能”的气象预报业务体系。建成从分钟到年的无缝隙“一带一路”全球智能网格气象预报业务，建立以高分辨率数值模式为核心的客观化精准化技术，建成对“一带一路”沿线开放的智能化众创型业务发展平台；切实为中国企业和“一带一路”通路、通航、通商安全以及沿线国家和地区提供精准气象预报。健全中亚、东盟区域气象合作机制，以WMO区域台风预报中心建设为试点，将中国具有优势的GRAPES全球模式、台风预报模式、全球智能网格预报系统等核心业务系统整体输出，打造中国预报品牌。打造区域性的国际台风联合研究与培训试点示范。

——到2030年：建成技术领先、开放合作的全球气象预报业务体系，“一带一路”气象预报体系更加完善；建成国际、区域、双边互补的“一带一路”气象预报合作平台，打造服务“一带一路”的“中国数值预报”“中国预报业务平台”等国际品牌，中国气象预报核心业务能力达到世界领先水平。

---

① 参见中国气象局《面向“一带一路”沿线国家和地区的气象预报业务布局方案》。

(二)"一带一路"气象预报业务布局与任务

1."一带一路"气象预报业务布局

"一带一路"气象预报总体布局是"1431＋6"。"1431"具体是一个世界气象中心(北京)、四个国际区域中心(气候、台风、沙尘暴、航空气象)、三个国家级业务单位(气象中心、气候中心、数值预报中心)和一个国际台风联合研究与培训试点示范。"6"是指六个与"一带一路"建设关系最密切的六个省(自治区)气象局(新疆、西藏、云南、广西、广东和海南气象局)。

——依托世界气象中心,为 WMO 成员,尤其是"一带一路"沿线国家提供长中短期天气预报业务指导,成为中国气象局对"一带一路"沿线国家合作交流和技术辐射的重要基地和窗口。

——依托北京区域气候中心(BCC),为亚洲国家,尤其是为"一带一路"沿线国家提供基本气候资料的业务和服务,提供气候与极端事件的监测分析、气候诊断和预测产品,提升沿线地区气候监测预测业务服务能力。

——依托 WMO 区域台风预报中心,聚焦西北太平洋、南海和"21 世纪海上丝绸之路"沿线及相关海域气象服务需求,着力提升台风监测预警和服务能力。

——依托 WMO 亚洲沙尘暴区域专业气象中心,提高亚洲区域沙尘暴监测、预报及预警能力,为"一带一路"沿线国家提供沙尘暴预报产品。

——依托亚洲航空气象中心,面向亚洲区域航空气象服务需求,为亚洲"一带一路"沿线内的气象监视台(MWO)、空管用户和航空终端用户提供航空气象预报服务。

——依托国家气象中心、国家气候中心和数值预报中心建成国家级"一带一路"气象预报中心。国家级业务单位重点组织制定"一带一路"气象预报标准规范、研发气象预报技术、发展数值预报技术、创建气象预报品牌,牵头搭建"一带一路"气象预报多边合作平台,负责对省级"一带一路"预报服务的业务组织和产品支撑。

——借助中国牵头组织实施的 WMO 登陆台风预报示范项目、台风委员会科学观测试验项目,借助中国气象局承办的台风委员会研究奖学金和业务培训课程,打造区域性的国际台风联合研究与培训试点示范。

——国内区域气象预报布局。新疆、西藏、云南、广西、广东和海南 6 省(自治区)作为"一带一路"建设气象服务保障的依托省份,承担的主要职责为:

新疆维吾尔自治区气象局主要负责与中亚国家及巴基斯坦、阿富汗等国气象预报合作,并提供气象服务;西藏自治区气象局主要负责与尼泊尔、孟加拉等国气象预报合作,并提供气象服务;云南省气象局主要负责与缅甸、老挝等国气象预报合作,并提供气象服务;广西壮族自治区气象局主要负责与越南、柬埔寨等国气象预报合作,并提供气象服务;广东、海南省气象局主要负责与马来西亚、印度尼西亚、菲律宾等国气象预报合作,并提供气象服务。

2.“一带一路”气象预报建设任务

(1)建立从千米尺度到全球的数值预报业务体系

——数值天气预报。加强与“一带一路”沿线国家气象机构的开放合作与协同发展,加快数值预报核心技术的研发攻关,研发天气—气候一体化模式框架,推进卫星资料、雷达资料和高时空分辨率资料的同化技术研发,发展适应高分辨率模式特点的物理过程参数化方案,大力发展集合预报技术。在国家级建立水平分辨率为5千米的全球天气—气候一体化数值预报业务系统,为“一带一路”全球深度融合气象预报提供强有力的技术支撑;区域气象中心发挥区位优势,立足本地辐射周边国家,逐步建立千米级高分辨率高时效的区域数值预报业务系统;发展和完善高分辨率台风数值预报系统和海洋数值预报系统。

——气候预测模式。建立月—季—年尺度的海—陆—气—冰耦合的高分辨率气候模式预测业务系统。发展适合于沿线地区的气候特点的模式物理过程,增强对沿线地区气候的模拟和预测能力;改进大气、海洋、陆面、海冰资料协调初始化系统和集合预测方法;参与国际模式比较计划,开展气候预测试验,努力实现对东亚季风的预测能力有一定优势,预测能力达到国际同期先进水平。

(2)建设“一带一路”全球智能网格气象预报业务

——天气预报。推进智能网格预报在时空尺度和针对用户需求两个维度上的精细化和无缝隙发展,建立从分钟到10天、空间分辨率10千米的全球智能网格预报业务。发展针对不同区域的模式偏差订正、多模式动态集成、统计释用等技术方法,提高预报精细化水平。发展网格预报向站点预报的自动转化技术,实现由智能网格预报产品直接生成全球主要城市和“一带一路”沿线主要城市、港口、口岸、交通枢纽站点以及其他任意点一天4次,最长预报时效10天、最小时间分辨率1小时的精细化气象要素预报产品。

——延伸期预报。开展“一带一路”沿线各地区不同季节历史天气—气候背景研究,普查高温热浪、寒潮、暴雪、强沙尘暴、低温雨雪冰冻等极端天气事件个例,建立完善高影响天气预报技术体系。利用集合预报及月预报等长时效预报资料,发展11～30天沿线地区的相似预报方法,发展沿线地区早期极端天气预报预警技术。发展“一带一路”地区大气环流演变关键指数、主要影响因子、季风等主要气候现象的监测诊断技术,发展气候异常动力分析、极端气候事件与气候灾害预测技术,提高对强降水、台风等延伸期重大天气气候过程转折期的预测能力。

——次季节到季节预测。依托中国多模式最优集合客观预测系统,开展多模式对沿线地区的气候预测性能评估,建立沿线主要城市、港口、口岸、交通枢纽站点月季气候趋势客观化预测方法和模型;加强沿线地区气候预测机理研究,改进动力统计结合预测方法;加强气候模式集合预测释用技术研发,发展针对性气象灾害的多模式预测模型，提升沿线地区极端气候事件和灾害预测能力。建立分辨率为30千米的全球气温、降水网格预测业务。发展沿线主要城市、港口、口岸、交通枢纽站点的月、季、年气温、降水趋势定量预测业务，月预测逐旬、季节预测逐月滚动更新。

(3)建立"一带一路"气候异常实时监测诊断业务。依托中国全球资料再分析业务和基于日尺度资料的全球气候系统监测业务建设，针对西亚和南亚的不同气候特点，研发次季节到季节异常气象信号监测、判断、识别等诊断分析技术。建立主要城市、港口、口岸、交通枢纽站点的沙尘暴、干旱、强降雪、高温热浪、强降温、暴雨、台风极端天气和气候事件的监测评估业务，实时监测评估沿线地区大气次季节到季节气候异常特征。建立大气、海洋和下垫面对沿线地区极端或异常气候事件的归因诊断分析业务。

(4)建设南海台风监测预警中心。立足面向"21世纪海上丝绸之路"，着力加强台风及海洋气象精细化业务能力建设。重点提升南海台风生成、南海台风快速增强、台风精细风雨预报准确率和预警服务能力。拓展孟加拉湾风暴预报业务。针对"21世纪海上丝绸之路"沿线重要港口、关键海域、重要航线等，开展精细化海洋气象预报服务业务，为海上生产、远洋运输、港口作业及重大工程建设等提供气象服务保障。针对中南半岛及北印度洋沿岸等"一带一路"域内国家，开发智能网格预报等更具针对性和实用性的业务指导产品，提升对该区域业务指导能力。加强台风及海洋气象监测预警产品发布平台建设，实现与台风委员会网站的链接或实时产品推送，作为台风预警发布的示范窗口，实现与全球气象预警系统的融合和对接。

(5)开展海上远洋导航气象服务。开展海上船舶导航及航行风险预报相关技术研发，利用实况观测数据、各国预报、各机构区域模式数据等，开展针对地形风、热带气旋等局地天气的人工主观数值预报订正，形成满足远洋气象导航需求的预报产品，满足不同船只，例如亚丁湾护航编队、"一带一路"沿线商船的实际需求。

(6)开展亚洲航空气象中心支撑能力建设。落实《中国－东盟气象合作南宁倡议》和《中国气象局与世界气象组织关于推进区域气象合作和共建"一带一路"的意向书》中建设亚洲航空气象中心建设任务。针对亚洲航空气象中心对高分辨率模式计算区域的要求，建立覆盖亚洲区域的高频次运行的高分辨率数值预报业务系统。依托短时临近预报预警业务系统(SWAN)，加强全国短时临近预报算法整合，提供全国短时临近预报客观产品。利用风云四号卫星资料，改进强对流、沙尘暴产品判别算法，研发飞机积冰和颠簸潜势产品。完善"亚洲航空气象服务网"建设。

(7)建立数值预报产品释用云平台。依托互联网公共云资源，在"网格气象预报云"的基础上建立数值预报产品释用云平台，通过云平台实现全球、区域、台风、海洋等数值预报产品在"一带一路"沿线国家的实时共享，在云上部署预报业务平台、业务系统及业务技术客观方法等，方便用户更好地应用模式产品，为"一带一路"沿线国家提供气象预报预测、灾害天气预警、海洋气象预报等高质量客观指导产品。

(8)打造区域性国际台风联合研究与业务培训试点示范。开展常态化、机制化的台风技术交流和业务培训，开展南海台风模式技术和产品应用技术交流，促进中国南海台风数值预报模式系统在东南亚地区的推广和应用，推动南海周边国家针对南海台风开展科研和业务合作，为东南亚各国防御台风和中国“海上丝绸之路”建议提供气象科技支撑。借助 WMO 登陆台风预报示范项目和台风委员会科学观测试验项目，建设区域性的国际台风联合研究中心。在总结以往举办的台风委员会业务培训和研究奖学金基础上，精心设计台风业务培训内容，加强师资培养，努力打造具有中国气象局品牌效应的台风业务国际培训课程。

(9)强化北京区域气候中心(BCC)建设。按照全球资料处理和预报系统手册(GDPFS)新要求，对接一带一路气候监测预测服务需求，提升 BCC 作为全球长期预报制作中心(GPC Beijing)和区域气候中心(RCC Beijing)履职能力。加强基本气候资料的业务和服务，加强 S2S 建设；提升面向亚洲区域或次区域尺度的气候与极端事件的监测分析和气候诊断能力；强化全球气候模式产品的面向沿线地区的预测信息应用；开展针对沿线地区预测检验评估和解释应用产品开发；完善与沿线地区国家的服务反馈机制。积极承担气候系统与气候变化国际讲习班(ISCS)、亚洲区域气候监测预测和评估论坛(FOCRAII)等国际会议、论坛，协助 WMO 区域培训中心举办各种气候监测预测培训班，加强技术交流和人才培训，提升沿线地区气候监测预测和服务能力。

四、“一带一路”气象服务保障布局①

做好“一带一路”气象服务保障建设，即是“一带一路”沿线国家经济社会发展的共同需求，也是服务“一带一路”沿线国家人民福祉安全的实际需要。因此，应当按照共商、共建、共享原则，又推进“一带一路”沿线综合防灾减灾、应对气候变化以及重大工程项目建设、行业领域气象服务保障建设进行科学布局。

(一)“一带一路”气象服务目标

以提高中国全球气象服务能力为主线，推动中国气象服务“走出去”，切实为中国企业和“一带一路”通路、通航、通商安全以及沿线国家和地区提供全方位气象服务保障；促进中国气象技术、装备、服务、人才等融入国际气象发展格局，引领气象服务潮流，扩大中国气象工作的区域和全球的影响力，服务“一带一路”沿线国家社会经济发展和人民福祉安全。

——到 2020 年：对接中国企业“走出去”战略，初步构建“伴随式”气象服务业务体系：完成 “一带一路”沿线国家和地区公路、铁路、航空等交通运输、旅游、健康以及

① 参见中国气象局《面向“一带一路”沿线国家和地区的气象服务保障布局方案》。

公众衣食住行气象服务需求分析，初步建立“一带一路”沿线国家和地区气象服务业务和重大气象灾害风险预警业务；初步建立专业化的海洋气象灾害监测预警指标体系和海洋经济气象服务指标体系，以及船舶海洋导航气象服务技术；健全中亚、东盟区域气象合作机制，以中巴经济走廊建设为试点，将中国具有优势的气象观测装备制造、人工影响天气等气象技术装备和多灾种早期预警系统、国家突发事件预警信息发布系统等气象服务技术整体输出，为中巴经济走廊陆路运输提供气象服务支撑，建立中国气象服务国际化试点示范。

——到2025年：发挥气象部门在众多国际机构的作用和影响力，在WMO区域协会框架下，依托多边双边合作，积极推进与沿线国家气象服务发展战略的对接，拓展全方位、宽领域、多层次的国内外气象业务和科技合作，制定并启动相关国际气象科技合作计划，共同推动沿线国家气象服务能力建设；建立完成“一带一路”气象服务技术标准；打造服务于“一带一路”的“中国天气”“中国气候”等气象服务品牌。

——到2030年：建成体系完备、科学规范、运行有效、开发合作的全球气象服务机制；适应需求、功能完善的“一带一路”气象服务保障业务体系更加完善；国际、区域、双边互补的“一带一路”建设气象服务合作平台基本建立。“一带一路”气象服务能力、科技和人才支撑能力以及中国与沿线国家气象合作水平明显提升，中国气象服务能力达到世界领先水平。

（二）“一带一路”气象服务总体布局和任务

1.“一带一路”气象服务总体布局

“一带一路”气象服务总体布局是“N＋1＋3＋1”：依托中国气象局现有若干个WMO框架下综合性或专业性全球、区域气象中心以及国家级业务单位，研发和制作面向“一带一路”气象服务需求的技术与服务产品，夯实“一带一路”气象服务基础；依托公共气象服务中心建设国家级“一带一路”气象服务中心，统筹整合国家级和省级（如有）“一带一路”气象监测、预报、服务前端基础产品，加工、制作、提供“一站式”基本公共气象服务信息和技术支撑；构建三个“一带一路”专项服务中心，即上海全球海洋气象服务中心、乌鲁木齐“陆上丝绸之路”气象服务中心、南宁“海上丝绸之路”气象服务中心；以中国—巴基斯坦经济合作走廊气象服务保障为抓手，打造“一带一路”气象服务示范模式。

国家级业务单位重点组织建立“一带一路”气象服务标准、研发气象服务技术、提供气象服务支撑、创建气象服务品牌、建立气象服务机制，并协调有关政府部门发挥管理服务功能，调动整合配置社会资源，制定出台“一带一路”气象服务相关政策。

以中国气象局公共气象服务中心为业务牵头单位，重点是组织开展精细化气象服务、气象灾害风险预警服务、海洋气象服务以及基于位置和需求的面向国际用户的气象服务等核心技术研发，牵头建立气象服务国际标准和区域标准及业务规范，搭建

“一带一路”气象服务多边合作平台，为国家级、省级和海外分中心提供“一带一路”气象服务的基础性技术保障，建设成为“一带一路”气象服务与技术支撑中心。

以上海市气象局全球海洋气象导航服务为重点，为“一带一路”任意航线、全球重要港口提供跟踪式天气服务，构建成为海洋气象导航专业性服务中心。以《中亚气象防灾减灾及应对气候变化乌鲁木齐倡议》和《中国—东盟气象合作南宁倡议》为基础，在新疆维吾尔自治区气象局中亚大气科学研究中心，开展面向中亚和西亚沿线公路、铁路交通干线气象灾害监测服务、农业气象服务和“陆上丝绸之路”旅游气象服务等；在广西壮族自治区气象局开展面向东盟各国海上气象灾害监测预警服务、海上气象灾害风险预警服务、海洋经济气象服务以及“海上丝绸之路”旅游气象服务等，架设起陆上、海上气象服务的两个支点。

以中巴经济走廊气象防灾减灾与公共服务体系建设作为试点，建立中巴气象防灾减灾合作机制，开展多灾种、标准化、一体化的气象灾害风险预警业务，为瓜达尔港港口基础设施建设、港口城市建设以及沿线公路、物流运输、航空等提供交通气象服务、能源电力气象服务、电信设施气象服务以及面向城市基础设施规划气象服务、城市发展规划气象服务，将中巴经济走廊气象服务打造成全球气象服务示范。

中国气象服务协会通过举办论坛、气象服务推介会等形式，为中国气象服务企业走出去提供软硬件结合、各类专业服务手段齐全的综合气象服务解决方案，为气象服务企业海外业务发展拓展空间。部门和社会企业重点是以市场化方式参与国际竞争，通过独资、合资开发、对外援助等形式开展全球气象服务基础设施建设和专业气象服务。

2.“一带一路”气象服务能力建设

——通过精细化气象预报服务能力建设、一体化、多手段气象信息发布能力建设，提升面向全球的精细化气象预报服务水平。针对“一带一路”多数国家经济发展滞后，气象灾害多发，防灾减灾基础薄弱，预报预警能力较低，积极合作推进气象防灾减灾体系建设。促进提升“一带一路”国家的预警预报能力、防灾减灾能力和基础设施建设能力以及气候安全风险防范能力。

——通过发展公路、铁路、海洋、航空、农业等专业气象服务技术，创建旅游气象服务品牌，提高设施联通、贸易畅通、民心相通气象服务能力。针对“一带一路”建设以铁路联通、公路畅通为核心的陆上丝绸之路建设全面提速，以开拓洲际航线为重点的空中丝绸之路实现重大突破，中国高铁技术也正在向“一带一路”国家输出的实际情况，积极合作推进公路、铁路交通沿线气象灾害监测预报预警、高影响天气预报服务、交通气象灾害风险评估以及航空气象服务。由于“一带一路”将极大增加中国和沿线国家的商务、经贸、旅游等人员往来，旅游业的发展，积极推进“一带一路”沿线主要城市、重点旅游景区和旅游交通干线天气的监测和预报，为游客出行提供及时、准确的气象服务。大力促进提升海洋气象保障服务能力。

——能源合作是“一带一路”的重点领域，利用中国在装备制造、减灾防灾、能源环境和应对气候变化等方面能源气象服务技术优势，加强适合沿线国家实际的太阳能、风能等可再生能源高效利用技术的研发和示范推广合作。

——“一带一路”沿线以农业为基础的国家众多，同时，随着全方位开放，国内企业、农民合作社以及个人在全球各地开展农业生产的规模也在不断扩大。积极合作开展种植区农业气象灾害监测预警评估、农业生产以及设施/特色农业气象保障服务等。“一带一路”沿线有不少国家处于干旱半干旱环境，水资源短缺，合作推进人工影响天气工程建设，提升“一带一路”沿线国家人工增雨抗旱、防雹减灾、森林草原防火、水库和河流增水、生态环境建设与保护等的能力和水平。

——“一带一路”地理跨度大，地质地貌复杂多变，水文气象状况多样，有效水资源减退风险极高，通过合作开展安全保障水利基础设施建设运行以及水资源供应与安全的水文气象服务。同时，鉴于“一带一路”地区人类活动频繁，生态环境脆弱，迫切需要加强区域生态环境保护、应对气候变化、荒漠化治理、气象预报预警等合作研发与示范。在推动相关企业“走出去”的过程中，需要建立科学、人文的生态环境保护应急预案。

——通过装备输出、技术输出、服务输出、积极参与国际竞争，推动“中国制造”气象服务国际化。通过充分对接需求、制定气象服务方案、完善气象服务方式，为中国企业“走出去”提供全程、优质气象保障服务。围绕国家“一带一路”建设重点任务，设立重大项目库，积极争取各级资金支持，加强“一带一路”全球气象服务规划设计和重大项目建设。

(三)“一带一路”气象服务优先领域

1. 建立“一带一路”沿线国家和地区精细化服务业务。加强“一带一路”灾害性天气的监测，建立短时、短期和中长期的无缝隙预报业务体系。以东北、西北、西南和乌鲁木齐区域数值预报模式系统为基础，建立涵盖中亚和东南亚国家空间分辨率3千米，逐3小时更新的精细化、格点化预报服务业务，实现“一带一路”重要城市、港口以及重要节点的定点、定时、定量预报服务和基于位置的气象服务。

2. 完善气象预警信息发布网络。以现有的气象预警信息发布网络为基础，建立“一带一路”沿线、一体化的气象信息全媒体(电视、网站、广播、手机客户端)发布体系，建立覆盖中亚和南亚地区的多语种精细化气象服务网站，联合研发“一带一路”多语种气象服务影视节目，实现对中亚和南亚重点城市气象服务信息的全覆盖。建设以海洋气象广播系统和北斗卫星预警发布系统为核心，结合电视、网络、手机等多种手段的海洋信息发布网络，实现对“一带一路”海洋信息的全覆盖。

3. 强化全球海洋气象服务。加强南海台风监测预警中心和东海海洋气象中心建设，构建针对海上强对流天气和海上大风、海雾等海洋气象灾害的精细化预报服务体系，建设南海台风监测预警及服务中英文网站，逐步开展全球海洋气象导航服务，为“一带一路”任意航线、全球重要港口提供跟踪式的实时天气预警和海上关注的各类天气预报预警信息。

4. 建立完善区域数据共享及合作交流机制。以中国—东盟气象合作论坛、中亚大气科学研究中心为平台，建立中国—中亚和中国—东南亚数据共享机制，开展气象服务技术交流，特别是开展气象灾害风险预警、精细化预报服务、互联网＋信息发布技术的培训和援助，联合开展沿线主要气象灾害的预报预警服务。

5. 推进中巴经济走廊气象服务示范建设。开展中国红其拉甫至巴基斯坦瓜达尔港沿线主要气象灾害风险普查和区划以及主要气象灾害致灾标准和致灾临界阈值的确定；开展沿线公路交通、航空运输定量化的气象灾害风险实时评估及预警服务；援助建立巴基斯坦气象服务中心，联合开展港口设施建设气候可行性论证服务和气象灾害防御技术集中攻关；优先将气象灾害应急保障装备、人工影响天气装备等硬件设备以及数值预报模式、风能太阳能气象服务、海洋气象服务、交通气象服务、农业气象服务等技术整体输出到巴基斯坦，打造成为“一带一路”气象服务的试点。

第七章　“一带一路”气象科技国际合作行动与愿景

气象服务保障“一带一路”建设需要开展广泛的国际交流合作，共同为“一带一路”建设提供气象服务保障。中国气象部门作为气象服务“一带一路”建设的倡导者和重要参与者，在积极推进“一带一路”的气象服务保障建设中发挥引导和示范作用，按照全方位开放的思想，大力推进“一带一路”气象科技国际合作。

一、中国开展国际气象科技合作的基础

自改革开放以来，中国气象部门就在国际舞台积极作为，积极承担国际义务，广泛开展国际气象科技交流与合作，取得了丰硕成果和丰富经验，为“一带一路”国际气象科技合作奠定了坚实基础。

（一）中国已经建成世界气象中心

1979 年以来，中国积极参与国际气象活动，承担国际气象义务，树立了气象大国形象。目前，中国已经成为世界气象中心、全球信息系统中心、区域气候中心、亚洲极端事件监测中心和区域培训中心等，各类全球或区域中心达到 18 个。近 40 年来，累计接收全球各地的气象、水文等领域 3700 多名工作人员来中国参加培训，有效提升了其气象业务科技水平。中国持续维护赠送给亚太地区 19 个国家的中国气象局卫星广播系统用户站（CMACast）、气象信息处理和天气预报制作系统（MICAPS）、卫星云图处理显示分系统，这些设备和系统成为受援国家气象部门的主要业务平台，为提高该国气象科技水平发挥了重要作用。自 2013 年起，中国向 7 个非洲国家援建气象设施。中国一贯积极参与 WMO 的各项计划和活动，中国“风云”气象卫星在 WMO 空间计划、数值预报中发挥了重要作用。

（二）中国气象国际合作不断深入

1979 年中国气象局与美国签署气象科技合作协议，开创了中国对外气象科技人员交流、培训和引进先进技术的先河，气象部门对外开放走在全国前列。近 40 年来，中国气象部门积极利用国际资源，通过深化开放合作、向发达国家学习，促进了中国

气象科技水平的提升。目前,中国气象局已与 160 多个国家和地区气象部门开展气象科技合作和交流,与 23 个国家的气象部门、2 个国际机构签署了双边气象科技合作协议、谅解备忘录议定书和会谈纪要。

近 40 年来,中国出国培训和访问人数不断增加。1981—2017 年,中国气象部门因公出国学习培训交流人数达到 22070 人次,年均达到 596 人次,邀请外宾来访 15071 人次,年均达到 430 人次。其中 2017 年气象部门因公出国达到 1152 人次,较 1981 年增长 19.9 倍,较 1991 年增长 3.5 倍,较 2001 年增长 1.1 倍(图 7.1)。

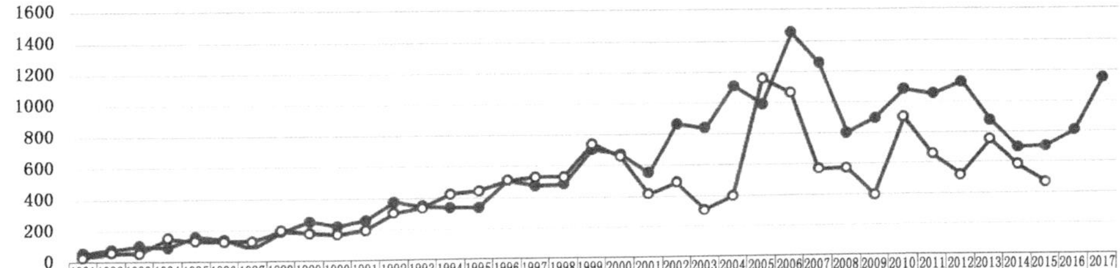

	1981	1982	1983	1984	1985	1986	1987	1988	1989	1990	1991	1992	1993	1994	1995	1996	1997	1998	1999
因公出国人次数	55	77	98	87	155	139	80	185	250	217	256	374	345	336	335	507	472	481	704
邀请外宾来华人次数	25	53	50	147	129	125	125	192	175	166	193	301	338	425	441	507	530	530	740

	2000	2001	2002	2003	2004	2005	2006	2007	2008	2009	2010	2011	2012	2013	2014	2015	2016	2017
因公出国人次数	672	552	865	836	1108	989	1452	1253	802	897	1079	1048	1127	878	696	704	807	1152
邀请外宾来华人次数	655	413	489	305	394	1156	1061	569	573	393	899	657	517	749	582	467		

—●— 因公出国人次数 —○— 邀请外宾来华人次数

图 7.1 1981—2017 年气象部门出国培训及来访人次情况(2016 年起不再统计外宾来访人次)

(三)中国具备全球监测预报服务能力

长期以来,中国一直致力于不断提高全球气象服务能力,进入 21 世纪,中国气象全球监测、全球预报、全球服务能力得到明显提高。

全球监测方面,中国气象数据卫星广播系统(CMACast)成为地球观测组织的三个广播系统之一,覆盖范围从中国区域拓展到亚太地区;“风云四号”气象卫星投入业务运行,“风云二号”H 星可覆盖南亚、西亚、中亚和大部分非洲国家,风云系列气象卫星成功改变了国际气象卫星的格局,中国碳卫星数据正式对外开放共享,使中国成为世界上第三个提供数据服务的国家;风云卫星国际用户防灾减灾应急保障机制,确保中国能为风云气象卫星覆盖范围内的国家提供区域加密观测和应急气象保障服务;正在试运行的世界气象组织综合全球观测系统亚洲区域中心正在对亚洲各国气象观测质量进行监测。

全球预报方面,2017 年中国被世界气象组织正式认定为世界气象中心后,开始为国外用户提供专业预报;全球中短期气象要素网格预报系统正式试运行;全球台风业务也已全面布局,目前已开展了北印度洋热带气旋预报业务;通过北京世界气象中心网站为部分国家提供干旱气候预测服务。

全球服务方面,中国承担的“提升 WMO 二区协(亚洲)减轻气象灾害风险能力试点项目”已进入初步实施阶段，将建设亚洲区域气象预警支持平台，汇聚和发布亚洲区域各国预警信息，推动区域气象灾害信息共享和灾害联防，中国气象已经在全球服务上发力。北京成为世界气象组织首批业务运行的全球信息系统中心之一，每日接收与分发的总数据量分别达到15GB和100GB，为WMO成员国、相关国际机构提供了更加便捷、高效的业务数据交换与共享服务，中国获取国外资料的能力也相应提高。另外，中国积极参与全球应对气候变化外交谈判，为《巴黎协定》和联合国政府间气候变化专门委员会第五次评估报告提供了有力的科技支撑。

（四）中国具有开展国际气象科技培训坚实条件

中国气象局气象干部培训学院在强对流天气临近预报领域拥有近20年的培训经验，是中国气象部门的强对流教学科研基地，尤其是在雷暴和强对流临近预报的教学方面处于国内领先和国际先进的地位。在新一代多普勒天气雷达领域，1999—2015年间，针对国内学员，共举办雷达专项面授培训班65期，培训管理及业务人员近3000人次。在国际培训领域，累计举办了8期临近预报国际培训班，共培训国际学员94人；举办防灾减灾培训班7期，共培训国际学员110人。这些相关领域大量的国际培训工作为未来本项目的开展奠定下坚实的基础。在对外合作交流方面，与WMO、各国气象教育机构保持国际交流与合作，与英、法、荷、澳、俄等国家的气象培训机构签署了合作协议，并努力提高培训质量和教学水平，平均每年邀请高水平外籍专家授课约20人次。

南京信息工程大学是世界气象组织授予的世界气象组织区域培训中心。在校留学生总规模达1553人，来源分布增加至120个国家和地区，其中长期生实现了平稳较快增长。2017年世界气象组织区域培训中心全年举办13期国际培训班和3期双边培训班，累计培训学员262人次。学校受邀出席第十三届世界气象组织教育培训大会并做主旨报告。

二、“一带一路”气象科技国际合作行动

（一）中国与世界气象组织共推“一带一路”气象服务

世界气象组织（World Meteorological Organization，WMO）是联合国的专门机构之一，是联合国系统有关地球大气现状和特性，以及气候和水资源分布方面的权威机构。世界气象组织的宗旨是促进设置站网方面的国际合作，以进行气象、水文以及与气象有关的地球物理观测；促进设置和维持各中心以提供气象和与气象有关的服务；促进建立和维持气象及有关情报快速交换系统；促进气象和有关规则的标准化，确保以统一的规格出版观测和统计资料；推进气象学应用于航空、航海、水利、农业和

人类其他活动；促进业务水文活动，增进气象和水文部门间的密切合作；鼓励气象及有关领域内的研究和培训，帮助协调研究和培训中的国际性问题。WMO 拥有 191 个国家会员和地区会员（截至 2013 年 1 月 1 日）。

从世界气象组织的宗旨看，“一带一路”倡议的愿景与世界气象组织促进国际和区域气象合作等目标契合，中国提出的“一带一路”气象服务精神完全符合世界气象组织的宗旨。因此，“一带一路”气象服务保障建设得到了世界气象组织的支持。2017 年 5 月 14 日，“一带一路”国际合作高峰论坛在北京开幕。会议期间，中国气象局与世界气象组织签署了《中国气象局与世界气象组织关于推进区域气象合作和共建“一带一路”的意向书》（简称《意向书》），并被纳入“一带一路”国际合作高峰论坛成果文件。根据意向书，中国气象局与世界气象组织将通过加强区域气象交流合作，积极推进“一带一路”建设的气象服务保障工作，开展减轻灾害风险、气候服务、综合观测、研究与能力发展等多领域的合作，提升区域气象灾害监测预测预警和应对气候变化能力。合作优先重点：减轻灾害风险、全球气候服务框架、世界气象组织综合全球观测系统和世界气象组织信息系统、交通气象服务、“极地和高山区域观测、研究和服务”、气象研究和能力发展。世界气象组织鼓励中国气象局通过世界气象组织自愿合作计划、世界气象组织相关区协减轻气象灾害风险能力试点项目、中国—东盟气象合作论坛、中亚气象科技研讨会等项目和机制在区域气象合作中发挥积极作用。

中国气象局与世界气象组织关于推进
区域气象合作和共建“一带一路”的意向书

一、引言

1. 中国气象局和世界气象组织（以下称为“双方”）通过本意向书重申双方在共同关心的领域开展合作的意愿。

2. 世界气象组织作为联合国负责天气、气候、水的专门机构，致力于促进会员合作，通过推动观测、资料、知识、技术方法和规范的交流以及科学计划协调，拟定关于气象服务能力提升和经验交流的区域和国家战略，保障了世界气象组织会员的社会和经济发展。

3. 中国气象局在世界气象组织中，特别是在国际和区域合作领域发挥着积极的作用。中国气象局局长作为世界气象组织中国常任代表，是中国政府指定的世界气象组织事务总联络人。

4. 中国政府提出的“丝绸之路经济带”和“21 世纪海上丝绸之路”倡议（以下简称“一带一路”倡议），旨在促进相关国家和地区的经济繁荣与合作，加强各国交流互鉴，促进和平发展。该倡议提出的共建命运共同体、利益共同体、责任共同体的愿景与世界气象组织促进国际和区域气象合作、加强地区气象交流的目标相互契合，有助于实施这些国家管理气象灾害、减缓气候变化影响和实施包括减轻灾害风险、全球气候服务框架、世界气象组织综合全球观测系统和世界气象组织信息系统、交通气象服务(包括航空、海洋和地面交通)以及“极地和高山区域观测、研究和服务”活动等在内的世界气象组织发起或世界气象组织共同发起的战略和计划。

5. 世界气象组织支持中方举办“一带一路”国际合作高峰论坛,为加强国际合作,推动彼此发展战略对接发挥积极作用。

二、重点合作领域与合作方式

6. 中国气象局通过加强或新签订双边协议、合作计划和项目,计划加强与“一带一路”沿线国家和地区(包括各国气象水文部门)的气象合作。世界气象组织通过其相关组织机构(区域协会、技术委员会和世界气象组织秘书处)的参与,支持上述区域、次区域和国家级的合作。

7. 中国气象局与世界气象组织同意将以下领域列为合作优先重点:减轻灾害风险、全球气候服务框架、世界气象组织综合全球观测系统和世界气象组织信息系统、交通气象服务、“极地和高山区域观测、研究和服务”、气象研究和能力发展。

8. 世界气象组织鼓励中国气象局通过世界气象组织自愿合作计划、世界气象组织相关区协减轻气象灾害风险能力试点项目、中国—东盟气象合作论坛、中亚气象科技研讨会等项目和机制在区域气象合作中发挥积极作用。

9. 双方计划另行协商合作细节,并制定年度实施计划。双方同意以世界气象组织的战略规划为指导,充分利用中国承办的世界气象组织中心,筹备多领域的试点项目,发挥示范效应。

三、定期磋商

10. 中国气象局和世界气象组织认识到举行定期磋商、总结、评估的重要性,以评估规划、落实的事项与取得的成果并讨论新的挑战、机遇和问题。因此,双方表明愿意定期举行磋商,暂定从2017年起每年1次。

四、联络人

11. 鉴于相关工作的交叉性,双方将加强内部协调和部门间协作,同意在签订本意向书后指定各自的联络人。

本意向书于二〇一七年五月十四日在中国北京签署,一两份,每份均以中文和英文写成,两种文本同等作准。

2017年11月中国气象局与世界气象组织秘书处在海南召开会议,审议《意向书》落实情况并研究了未来行动计划。此外,还在“第三极科学峰会”期间与世界气象组织主席、世界气象组织助理秘书长就进一步推进世界气象组织极地和高山计划及加强区域气象合作事宜进行了磋商。

加强《中国气象局与世界气象组织关于推进区域气象合作和共建“一带一路”的意向书》实施中的交流

2017年11月中国气象局与世界气象组织秘书处在海南召开会议，审议《意向书》落实情况并研究了未来行动计划。此外，还在“第三极科学峰会”期间与世界气象组织主席、世界气象组织助理秘书长就进一步推进世界气象组织极地和高山计划及加强区域气象合作事宜进行了磋商。

在世界气象组织框架下进一步加强针对“一带一路”沿线国家的气象合作：

(1)联合中国香港天文台在二区协第16次届会期间共同提出“提升世界气象组织二区协(亚洲)减轻气象灾害风险能力试点项目”，重点实施全球多灾种预警系统(亚洲部分)。

(2)继续做好中国气象局卫星广播系统(CMACast)国外用户支撑，提升“一带一路”沿线国家气象部门的全球气象数据和产品接收、天气预报制作及气象卫星资料应用能力。派专家前往塔吉克斯坦、菲律宾、哈萨克斯坦开展CMACast维护和技术培训，并向马尔代夫、乌兹别克斯坦、哈萨克斯坦等提供接收机备件，为巴基斯坦等其他用户提供远程技术支持。

(3)举办亚洲区域气候监测、预测和评估论坛，与周边国家共商2017年夏季亚洲区域降水、温度分布趋势。

(4)进一步加强国际气象教育培训工作。共举办了19个国际培训班，来自包括“一带一路”沿线国家在内的385位国际学员参加了培训；招收71位气象和水文专业的博士、研究生或本科长期奖学金学员。从2017年开始，每年新招收的长期奖学金学员待遇将从部分奖学金改为全额奖学金。

(5)举办了第47期多国别考察。与中亚国家和世界气象组织代表就加强中亚地区气象基础设施建设、区域数值预报开发应用、区域灾害性天气科学研究、教育培训和人员交流等方面的合作，以及建设中英俄三种语言的中亚气象网进行了沟通交流并达成共识。

推进区域气象防灾减灾和应对气候变化合作：

(1)积极推进《乌鲁木齐倡议》框架下与中亚国家的气象科技合作。举办了第三届中亚气象科技研讨会，来自中亚五国气象部门及科研机构的专家围绕气象防灾减灾和应对气候变化进行了交流。与哈萨克斯坦气象部门就未来气象科技合作初步达成一揽子合作意向。已启动向乌兹别克斯坦援助自动气象站系统程序。为服务中巴经济走廊建设，中巴两国气象部门根据援外工作流程共同完成了《中国气象援助巴基斯坦项目可行性调研报告》，巴方已将项目建议书提交其主管援助工作的经济事务部。在巴基斯坦瓜达尔港建成首座港口气象站，实时数据已通过北斗卫星进入中国气象局业务系统。向巴基斯坦赠送一套气象视频演播系统。

（2）积极推进《南宁倡议》框架下与东南亚国家的气象科技合作。召开了中国—东盟气象灾害防御研讨会，就加强东南亚地区气象防灾减灾技术、灾害联防、航空气象，以及推进全球多灾种预警系统的区域实施等进行了研讨。协助缅甸气象和水文局开展高分辨区域数值预报系统建设取得进展。已启动向老挝援助气象视频演播系统程序。

（3）有序推进气象援非项目的实施。已经完成5个受援国（科摩罗、津巴布韦、肯尼亚、纳米比亚、苏丹）的全部援建任务。其余两国（刚果金、喀麦隆）的援助设备已运抵当地气象局，且实施进度过半。

（4）加强与世界银行在区域气象防灾减灾和应对气候变化能力发展方面的合作，共同组织了“基于影响的预报和基于风险的预警培训班”。

（5）组织实施了中国气象局与陕西省人民政府联合主办的“2017年欧亚经济论坛”首届气象分会，谋划推进丝绸之路经济带建设气象服务工作。

随着中国综合国力的不断提升，气象事业的不断发展，中国在世界气象组织的国际地位显著提升。2017年，中国气象局被认定为世界气象中心，标志着中国气象业务服务的整体水平迈入世界先进行列。目前，中国气象局承担18个世界气象组织国际或区域中心，使中国在国际气象事业中承担了重要责任的同时，也提升了中国气象的际影响力。由中国气象局提出的“亚洲—大洋洲气象卫星用户大会”机制得到亚洲、大洋洲7个主要国家气象部门和世界气象组织、地球观测组织等的积极响应和参与。由中国气象局提出的“提升二区协（亚洲）减轻气象灾害风险能力建设试点项目”得到世界气象组织亚洲区域协会的批准。中国呼和浩特、长春、营口三个气象站被批准为世界气象组织百年气象站。

中国气象局局长继续担任世界气象组织执行理事会成员。中国籍国际雇员被任命为世界气象组织助理秘书长。中国气象局管理和技术专家目前担任世界气象组织基本系统委员会副主席、世界气象组织/联合国亚洲及太平洋经济社会委员会台风委员会秘书长，以及政府间气候变化专门委员会第一工作组联合主席等重要国际职务。

世界气象中心（北京）正式授牌

2018年1月16日，世界气象中心（北京）正式授牌。这标志着中国气象预报业务能力总体达到了世界先进水平，进一步彰显了中国在世界气象舞台上的显示度、国际影响力和国际贡献。

世界气象中心是世界气象组织（WMO）认定的全球核心气象预报、预测业务机构。2017年5月12日，中国气象局被认定为世界气象中心。由此，中国成为发展中国家里唯一拥有“世界气象中心”称号的国家。根据WMO要求，世界气象中心需要为全球各国开展实时气象预报、预测业务提供稳定、丰富、高质量的无缝隙天气气候业务分析、预报、预测指导产品,并牵头开展国际气象预报技术培训、技术交流等活动。

中国气象局将以世界气象中心(北京)建设为契机,加强顶层设计,着眼全球,着力区域,努力建成全球预报预测业务中心、高速气象数据交换中心和区域性国际会商平台,建立预报、预测技术国际交流机制,促进中国早日从气象大国“变身”世界气象强国。

按照设计,世界气象中心(北京)将成为中国气象局贯彻落实党的十九大精神、践行“一带一路”倡议的重要平台和抓手。一方面,世界气象中心(北京)作为深化国际合作的新平台,将成为对外合作交流和技术辐射的重要基地和窗口;另一方面,它的建设和发展水平将成为判断中国气象局及国家气象中心等国家级业务单位进入世界级先进业务中心行列、中国全面实现气象业务现代化的重要标志。

据了解,到 2017 年全球共有 8 个世界气象中心。1967 年,WMO 在第五次大会上认定了美国、俄罗斯和澳大利亚 3 个世界气象中心。欧洲中期天气预报中心、英国、加拿大和日本则与中国一同在 2017 年 WMO 执行理事会第 69 次届会上被认定为世界气象中心。

《中国气象局与世界气象组织关于推进区域气象合作和共建“一带一路”的意向书》签署后,在国际范围内得到积极响应和广泛认可,周边国家对“一带一路”区域气象合作有了更深刻的认识。2018 年 6 月,中国气象局和世界气象组织(WMO)“一带一路”气象合作会议在瑞士日内瓦 WMO 总部召开。WMO 主席和秘书长高度赞赏中国“一带一路”倡议,认为 WMO 未来 10 年的计划与“一带一路”倡议的宗旨不谋而合。他们肯定了一年多来双方在“一带一路”气象合作方面取得的成果,以及中国对 WMO 相关项目和计划的贡献,希望中国能够与发展中国家分享经验,为缩小发展中国家与发达国家差距、加强发展中国家能力建设提供更多支持。会议期间,《中国气象局—世界气象组织“一带一路”倡议信托基金协议》签订,该基金将重点支持与“一带一路”气象合作相关的国际交流、培训及其他与能力建设相关的活动。

同时,中国与世界气象组织合作,近 5 年针对东南亚、中亚国家,组织举办了 5 期多国别考察,5 期气候讲习班,5 期亚洲区域气候监测、预测和评估论坛,组织了 2 期中亚气象科技研讨会,2 期中国—东盟气象防灾减灾研讨会等。培训国际学员约 1700 人、留学生 150 人。利用亚洲区域合作专项资金,开展与东南亚、中亚国家的气象合作项目 8 个。

2018 年 6 月,世界气象中心(北京)门户网站正式上线,这标志世界气象中心(北京)正式实现业务运行。该网站是本批认定的欧洲中期天气预报中心、英国、加拿大、日本及中国北京 5 家世界气象中心中,目前开设的唯一一家门户网站,将为世界各国用户实时提供多项气象预报预测业务产品及支持。

(二)“一带一路”气象科技多边合作取得积极进展

中国与多国双边多边关系气象合作取得显著成就。中国气象局已与 23 个国家的气象部门签有双边气象合作协议。近 5 年,共举行 24 次双边会议,围绕气象事业发展核心业务科研重点,商定气象科技合作项目 255 个。

在“一带一路”、南南合作框架等背景下,中国通过气象设备和技术援助等手段帮助其他发展中国家气象部门提升应对气候变化和气象防灾减灾能力。自 2011 年起,中国向蒙古、尼泊尔、泰国、巴基斯坦等 19 个亚太国家赠送了集成化的中国气象局卫星广播系统(CMACast)接收站、气象信息综合分析处理系统(MICAPS)、卫星气象应用平台、自动气象站、GPS/MET 水汽站等,帮助亚太国家实时获取“风云”气象卫星资料、GRAPES 数值预报产品等全球气象资料和产品。

从 2013 年起,中国开始向非洲国家援建气象设施,确定在科摩罗、津巴布韦、肯尼亚、纳米比亚、刚果(金)、喀麦隆和苏丹 7 个国家建设气象设施,包括自动气象站、人工气象观测系统、气象信息综合分析处理系统(MICAPS)、预警信息发布系统等,以支持非洲国家的气象事业发展,现在已经全部完成。其中作为首批受益的非洲国家之一,在中国援建气象设施后,津巴布韦的气象防灾预警能力提高了 60%。

2013 年,完成了中俄双边气象合作会谈、中芬气象科技合作联合工作组第十一次会议和中蒙气象科技合作联合工作组第十三次会议、中韩气象科技合作联合工作组第十二次会议、中美大气科技合作研讨会、中美大气科技合作联合工作组第十八次会议的相关工作。在双边合作中,注重加强对口部门、项目牵头人之间的沟通协调机制建设,注重合作效益的发挥。

2014 年,签署实施了《欧洲中期天气预报中心(ECMWF)与中国气象局合作协议》;更新签署《中国气象局与欧洲气象卫星开发组织关于气象卫星资料应用、交换和分发合作协议》及在澳大利亚建设及运行风云四号卫星测距副站的协议。

2015 年,根据国际治理要求和气象事业发展需求积极参与世界气象组织、政府间气候变化专门委员会、联合国气候变化框架公约、台风委员会等国际组织的活动,郑国光局长出席第十七次世界气象大会,并连任 WMO 执行理事会成员,中国专家当选 IPCC 第一工作组联合主席及台风委员会秘书长;组织举办第一届中朝气象科技研讨会,开展对强对流异常降水预报、数值预报产品、气候服务、气象观测仪器等交流。

2016 年,继续推动中国气象局与欧洲中期天气预报中心(ECMWF)和欧洲气象卫星开发组织(EUMETSAT)的务实合作。围绕国际治理要求和气象事业发展需求积极参与世界气象组织、政府间气候变化专门委员会、联合国气候变化框架公约、台风委员会等国际组织的活动。

2017 年,更新签署了《中国气象局与欧洲气象卫星开发组织关于气象卫星资料应用、交换和分发合作协议》关于资料和产品交换清单的附件；组织召开了第三届中国气象局和欧洲气象卫星开发组织联合研讨会，就碳卫星资料的共享达成初步共识。

2018 年 1 月世界气象中心（北京）正式授牌，中国气象局成为全球 8 大世界气象中心之一，作为深化国际合作的新平台和对外交流和技术辐射的重要基地和窗口；为提升核心气象科技能力，组织承办多个国际会议及世界银行多灾种早期预警系统培训班。

中国通过不断加强与“一带一路”沿线国家、金砖国家的气象合作，提高了气象防灾减灾、气候安全风险应对等科技合作深度广度。“中巴经济走廊”建设的气象服务合作取得进展，在共建中巴经济走廊沿线气候服务预警系统、巴中气候研究中心、热带飓风预警系统、洪灾预报与预警系统建设方面开展合作；签署了《中亚气象防灾减灾及应对气候变化乌鲁木齐倡议》，启动中亚地区气象防灾减灾和气候变化合作研究；组织召开中国－东盟气象合作论坛和中亚气象科技研讨会；积极配合中美战略与经济对话，中国报送的相关建议纳入第八轮中美战略与经济对话成果清单；对非洲七国的气象援建项目进入实施阶段，继续推动国际教育培训工作。

——中国继续扩大气象科技人员对外交流。2013 年以来，中国气象局科技和管理人员因公出国（境）3953 人次。其中，执行国际合作项目的比例为 21％，出席机制性及其他国际会议比例为 56％，交流培训比例为 12％，其他为执行国际合作援助任务、商务、会展等。

（三）“一带一路”气象科技区域合作积极推进

“一带一路”气象科技区域合作，是有效推进“一带一路”气象服务保障建设的积极举措，“一带一路”倡议实施以来，中国与“一带一路”国家和地区的区域气象科技合作取得了积极推进。

1. 中国与中亚气象科技合作不断深化

作为丝绸之路经济带的重要组成部分，中亚地区的安全与繁荣，对上合组织各方发展及“一带一路”建设，具有关键意义。近年来，中国与中亚国家不断完善气象科技合作机制，开展多层次、多领域交流合作，不断提升区域防灾减灾水平以及交通物流、能源气象保障服务能力。利用“一带一路”建设机遇，中国将利用气象科技优势架起多方合作的“气象桥梁”，为促进区域经济发展贡献力量。

中国新疆与中亚各国地域相连，是“丝绸之路经济带”上的核心区域。由于相似的气候背景、地形地貌等因素，中亚区域内各国与新疆发生的气象灾害类似。中亚及周边各国与中国同属发展中国家，气象灾害造成的损失极其严重，面临的气象灾害防御情景类似，防御能力亟需加强。在欧亚大陆西风带影响区域，中亚各国位于中国天气上游，加强该区域内的气象综合监测能力是中亚各国灾害防御能力建设的需求，对于提高中国西部地区天气预报水平也具有积极的意义。

“丝绸之路经济带”快速推进对区域气象灾害防御能力建设布局的新需求。“一带一路”建设在快速推进，需要中国改进气象灾害防御能力布局，从提升国内的气象灾害能力转变到提升覆盖全球的灾害防御能力。通过加强双边、多边科技合作，达到提升中亚区域各国气象灾害防御水平的目标，保障“丝绸之路经济带”建设稳步、快速推进。

——中亚气象科技研讨活动常态化。2015 年 10 月，首届中亚气象科技研讨会在乌鲁木齐举办。来自中国、澳大利亚、哈萨克斯坦、吉尔吉斯斯坦、塔吉克斯坦 5 国的气象科技专家就中亚区域天气气候科学问题进行了研讨。

经过会议讨论，中国气象局乌鲁木齐区域气象中心、哈萨克斯坦水文气象局、吉尔吉斯斯坦水文气象局、塔吉克斯坦水文气象局在中亚气象防灾减灾及应对气候变化方面达成共识，并共同签署《中亚气象防灾减灾及应对气候变化乌鲁木齐倡议》。该倡议确定了气象防灾减灾、气候变化研究、合作机制三大领域，具体包括加强地面观测和科学实验，遥感监测和卫星资料应用，资料交换和共享，中亚高分辨率数值模式研发，中亚区域基于树木年轮的历史气候研究，未来气候变化预估，干旱和冰雪圈研究等方面的合作。

2016 年，第二届中亚气象科技国际研讨会召开。为了落实“一带一路”倡议，积极发挥新疆地处丝绸之路经济带核心区的区位优势和语言文化优势，加强与中亚国家气象技术交流合作，促进中亚气候变化重建研究项目顺利开展，中国科学院大气物理研究所与中国气象局乌鲁木齐区域气象中心于 2016 年 9 月在北京举办了“第二届中亚气象科技国际研讨会”。中国科学院、中国气象局、南京信息工程大学、兰州大学，以及乌兹别克斯坦、塔吉克斯坦、哈萨克斯坦气象水文部门的气象专家参加了本届研讨会。与会专家提出，中国和中亚区域在气象灾害防御、气候变化、生态环境等领域有着共同的特点，如何共同应对气候变化是“一带一路”建设中需要面临的基本问题。中国致力于气象和水资源领域的科学研究，旨在寻求应对气候变化的解决方法。加强与中亚区域的气象研究和合作，将有利于共同促进“一带一路”建设的实施和中亚区域经济社会的发展。由于全球气候变化带来的水资源、气象灾害、农业等诸多领域的影响及应对，是中国和中亚共同面对的问题。如何通过优势互补，加强科技合作，为丝绸之路经济带提供优质的气象服务是各国共同的愿望。会议围绕中国及中亚区域的“气象灾害监测技术、灾害性天气预报预警技术、气候变化及其影响评估、水资源对气候变化的响应”四个主题展开了研讨。一致同意建立网站进行观测数据、成果共享，并成立专门的工作组来推动具体的工作。

2017 年，第三届中亚气象科技国际研讨会召开。2017 年 10 月，第三届中亚气象科技国际研讨会在南京信息工程大学召开。来自哈萨克斯坦、吉尔吉斯斯坦、乌兹别克斯坦、美国、肯尼亚等国家，以及中国气象局、中国科学院、复旦大学、南京大学等单位的专家学者，围绕中亚区域气候灾害监测技术、灾害性天气预报预警技术、气候变化及其影响评估、水资源对气候变化的响应等主题展开交流研讨。会议旨在进一步践行“一带一路”倡议，深化与中亚国家的气象科技交流与合作，共同提升应对中亚气候变化和防灾减灾能力，就气象科技领域研究的热点问题，以及全球发展的前沿问题进行深入交流研讨，通过优势互补，推动务实合作和共赢发展，为丝绸之路经济带提供优质的气象服务。

2018 年，第四届中亚气象科技国际研讨会。2018 年 9 月，第四届中亚气象科技国际研讨会暨风云二号气象卫星上海合作组织用户需求对接会议在中国气象局开幕。来自上海合作组织成员国、观察员国水文气象部门，上海合作组织秘书处、世界气象组织秘书处、中国气象局、外交部、中国航天局、新疆维吾尔自治区气象局等部门的领导及专家参加了会议。会议围绕第一届会议签署的《中亚气象防灾减灾及应对气候变化乌鲁木齐倡议》，针对气象灾害防御、灾害性天气机理、气候变化应对等进行了研讨交流，并对中亚气象防灾减灾及应对气候变化等展开了学术交流。会议展示了近年来新疆维吾尔自治区气象局围绕《中亚气象防灾减灾及应对气候变化乌鲁木齐倡议》在中亚大气科学、树木年轮合作研究，冰川水资源与气候变化综合科考，丝绸之路经济带气象服务保障等方面取得的成果，得到了与会代表的认可。本次会议中国气象局就风云二号气象卫星服务需求和加强区域气象合作听取各方的意见和建议，帮助提升上海合作组织国家获取和使用风云气象卫星数据的能力，使风云二号气象卫星能更好地服务于上海合作组织国家的气象防灾减灾和应对气候变化工作，为推动构建人类命运共同体做出积极贡献。

——中亚天气气候科学研究取得重要成果。在《中亚气象防灾减灾及应对气候变化乌鲁木齐倡议》签署以后，在此框架下，至 2016 年 6 月，中国气象局乌鲁木齐区域气象中心以乌鲁木齐沙漠气象研究所为依托，稳步推进气象科技体制改革，围绕预报服务核心业务调整研究方向，在继续做大做强树木年轮气候等优势研究领域的基础上，组建了中亚大气科学研究中心，调增 50 个编制，将沙漠气象研究所扩编到 100 人，成立了中亚天气气候研究室、气象灾害防御研究室、沙漠边界层气象研究室、区域数值预报研究室。

为促进相关科学研究，中国积极搭建科研平台，组建了中亚大气科学研究中心科学指导委员会，编制了《中亚天气气候科学研究计划》。为了更好服务“一带一路”建设，中国气象局把加快中亚大气科学研究作为重中之重。中亚大气科学研究中心重点开展中亚天气和气候变化等领域的研发，聚焦中亚天气和气象灾害防御，做强树木年轮气候研究，发展区域数值预报技术。目前完成了伊塞克湖地区降水量、哈萨克斯坦东南部降水量等气候重建等，并在中亚低涡概念模型，南亚季风对塔里木盆地夏季降水、印度洋增暖对中亚降水的影响机理研究等方面取得了一系列成果。

中国区域气象科研水平也得到了显著提高。乌鲁木齐沙漠气象研究所科研人员瞄准中亚大气科学研究的需求，重点开展了树木年轮气候重建、大气环境污染防治等方面的基础理论和技术创新研究，并取得重要成果。中亚大气科学研究中心汇聚各类优势智力资源形成创新合力，聚焦中亚天气和气象灾害防御，做强树木年轮气候研究，发展区域数值预报技术，目前已取得了多项阶段性成果。该中心在中亚低涡概念模型，南亚季风对塔里木盆地夏季降水、印度洋增暖对中亚降水的影响机理研究等方面取得了一系列成果，完成了西天山干旱指数、伊塞克湖地区降水量、哈萨克斯坦东南部降水量等气候重建等。

——中国气象技术走进“一带一路”国家。中国气象局自主研发的气象信息综合分析处理系统（MICAPS），目前已经落户亚洲 20 多个国家和地区，中国还向 19 个“一带一路”沿线国家援建了中国气象局卫星广播系统（CMACast）并提供维护和技术支持。中国自主研发的 GRAPES 全球数值预报系统为乌兹别克斯坦、哈萨克斯坦、塔吉克斯坦、吉尔吉斯斯坦等中亚国家提供数据产品，其中包括 6 种集合预报产品和 16 种全球确定性预报产品。同时，在吉尔吉斯斯坦建成了森林生态气象监测站和冰川全要素天气自动站；在乌兹别克斯坦建立了自动气象站；在哈萨克斯坦建立交通气象站；在巴基斯坦瓜达尔港建成港口气象站。

——切实履行世界气象中心的责任。中国气象局为全球和区域提供服务。针对中亚地区，中国气象局建立了中、英、俄三种语言的中亚气象网站，发布中亚地区的卫星监测产品和气象预报产品，并提供交流平台。目前，中、俄文版已上线使用。

——推进人才培训交流。人才培养是推动中亚区域气象灾害综合监测能力建设迫在眉睫的关键环节。加强气象灾害防御能力建设是中国及中亚区域各国共同的需求，核心是人才，关键环节是人才培养。气象灾害防御能力建设既是发展问题，更是民生问题，提高气象灾害防御能力需要科技、人才、资金等诸多环节的支撑，关键环节是培养科技骨干，人才是实现气象综合监测能力提升的基本保障。搭建气象灾害防御技术合作与交流平台，人才培养保障必须先行一步。通过深化与中亚五国的科技交流和人员合作，可以共同提升应对中亚气候变化和防灾减灾能力。多年来，中国气象局通过世界气象组织（WMO）南京（北京）区域培训中心，持续开设了气象预报、卫星应用等国际培训课程。2017 年，中国共举办了 19 个国际培训班，包括“一带一路”沿线国家在内的 385 位国际学员参加了培训。

中国制定了近几年中亚气象科技培训计划。拟每年召开一次中亚区域气象灾害防御综合技术培训班，将邀请中亚五国（哈萨克斯坦、吉尔吉斯斯坦、塔吉克斯坦、乌兹别克斯坦和土库曼斯坦）、蒙古国、巴基斯坦等国气象技术、管理与科研人员，就共同关心的气象灾害防御综合技术进行培训交流，研讨中亚区域气象科学问题，旨在搭建中国与中亚各国之间的气象科技人员交流平台，深化中国与中亚各国在气象灾害防御领域的人员交流和监测能力提升，为加快区域发展提供气象保障服务。通过安排课后实际操作与训练，并组织到中国新疆维吾尔自治区气象局、天山气象站、乌兰乌苏农业气象试验站等实地参观考察等方式，达到理论与实践相结合，使学员们掌握基本的气象灾害防御综合技术，从而能够真正起到培训的目的。培训内容主要包括中国气象灾害预警监测网建设和监测装备，中国气象灾害防御体系建设，中国气象灾害监测网点建设规范及技术，天气雷达技术及应用，卫星遥感技术及应用，农业气象观测及研究，气象监测测报质量控制等。

2. 中国与东盟气象科技合作积极推进

东盟，是东南亚国家联盟的简称，成员国有马来西亚、印度尼西亚、泰国、菲律宾、新加坡、文莱、越南、老挝、缅甸和柬埔寨。“一带一路”建设从中国周边开始，东南亚国家是“深耕区”，已取得积极进展，其中老挝从“陆锁国”变成“陆联国”，中老铁路、中泰铁路动工，激活泛亚铁路网。中国与马来西亚中马钦州产业园和马中关丹产业园建设。菲律宾提出“大建特建”计划，呼应“一带一路”倡议。此外，像越南提出的“两廊一圈”、印度尼西亚（简称“印尼”）的“全球海洋支点”都可以同中国提出的“一带一路”倡议对接，加快互联互通。因此，中国与东盟加强气象科技合作，服务“一带一路”建设具有重要现实意义。

东盟国家大多数是发展中国家，科技水平较为滞后，同时也是全球气象灾害最频繁、损失最严重的地区之一。在各种气象灾害中，强对流天气灾害如暴雨、飑线、冰雹和龙卷等尺度小、能量强、破坏性大、预报难度大、可严重致灾。强对流天气的临近预报一直以来都是大气科学领域难点热点之一，不管是在资料、分析手段和理论上都有较大难度。随着中国布设新一代多普勒天气雷达、发射风云系列气象卫星以来，对强对流结构识别有质的飞跃，在临近预报技术和防灾减灾中的应用等方面取得一定进展。而东盟国家，尽管是全球气象灾害最频繁的地区之一，但由于气象科技水平和软硬件能力总体比较落后，气象监测探测装备普遍较差，部分国家虽然布设有多普勒雷达（如菲律宾、柬埔寨、越南、印度尼西亚等），但由于人员缺乏图像识别、数据分析和处理能力，对于雷达、卫星数据资料的应用水平很低。因此，这些国家强对流灾害性天气的短时临近预报能力普遍不足，制约了该地区防范强对流天气灾害能力及经济社会防灾减灾能力。

气象灾害是中国和东盟国家共同面临的挑战。响应中国政府的战略部署、加强同东盟国家在该领域合作，并通过培训帮助其提高强对流灾害性天气预报能力进而促进其气象防灾减灾能力，非常重要也非常具有现实意义。

——中国一东盟气象合作论坛常态化。2016 年 9 月，首届中国—东盟气象合作论坛在广西南宁成功举办。论坛以“区域气象灾害监测与共同防御”为主题，讨论通过了《中国—东盟气象合作南宁倡议》，同期举办了中国—东盟防灾减灾与可持续发展专家论坛、中国—东盟博览会气象装备与服务展、中国—印尼气象双边工作组会议。论坛的成功举办为区域气象合作搭建了平台，加强了中国和东盟国家气象防灾减灾领域的沟通、交流和合作，为服务“一带一路”发展、共同提高区域内各国气象防灾减灾能力做出了积极贡献。

2017年11月，由中国气象局主办的中国—东盟气象灾害防御研讨会在海口召开。研讨会以"区域气象灾害监测预警联防和风险评估技术交流"为主题。文莱、印度尼西亚、老挝、马来西亚、缅甸、菲律宾、泰国、越南、中国等国家的气象水文部门代表，以及世界气象组织(WMO)、联合国亚洲及太平洋经济社会委员会(简称"亚太经社会")、台风委员会等国际组织的代表参加了会议。此次研讨会旨在落实《南宁倡议》，强化中国与东盟国家在气象灾害联防和风险管理领域的合作。会议围绕风云卫星应用、航空气象、气象灾害管理、气象预警、数值预报、公共气象服务等进行深入研讨交流

2018年，第2届中国—东盟气象合作论坛召开。根据《南宁倡议》，以及中国气象局与广西壮族自治区人民政府部区合作第二次联席会议精神，经中国气象局、自治区人民政府分别批复同意，9月在广西南宁举办第2届中国—东盟气象合作论坛。论坛期间，还将举办气象装备和服务展。出席本次论坛的有：东盟10国的官员及专家、东盟秘书处代表、WMO秘书长、亚太经社会(ESCAP)官员、台风委员会(TCS)秘书长、WMO中国澳门常任代表，中国气象局和广西壮族自治区人民政府代表，香港天文台台长和部分省(自治区)气象局代表和气象专家，以及相关气象设备生产企业、采购商代表。论坛以"区域气象灾害的监测与预警信息共享"为主题，继续推进中国和东盟国家的气象业务技术交流，强化中国和东盟各国在气象灾害联防和灾害风险管理领域的合作，达成系列共识，共同提高区域气象服务保障能力。

论坛期间围绕"区域气象灾害的监测与信息共享"主题，代表们进一步达成共识，提出了未来两年，中国与东盟国家将加强风云气象卫星资料的共享和应用，运用风云气象卫星国际用户防灾减灾应急保障机制，提供灾害性天气的卫星区域加密观测服务；加强区域气象灾害联防和预警信息共享，推进亚洲多灾种早期预警系统建设；继续通过中国承办的世界气象组织区域培训中心举办国际气象培训班；发挥中国承担的世界气象中心(北京)等全球和区域气象中心的职能，提高中国气象局为东盟等区域和国家提供气象服务的能力。

第2届中国—东盟气象合作论坛期间，中国—东盟气象合作达成以下预期成果。一是达成三项系列合作共识。论坛将审议《南宁倡议》及《中国气象局与世界气象组织关于推进区域气象合作和共建"一带一路"的意向书》与东盟气象合作相关内容的落实情况，强化中国及东盟国家在气象灾害联防和灾害风险管理领域的合作。同时，推广"风云气象卫星国际用户防灾减灾应急保障机制"在东盟国家的落地，争取在会议期间举行协议签署仪式。开展中国—印尼人工影响天气领域合作，在会议期间与印尼代表签署人工影响天气合作备忘录。二是力争取得四项务实成果。论坛期间将推广亚洲多灾种预警系统，与东盟国家气象部门开展对接；组建以广西为基地的中国气象局东盟大气探测合作研究中心，并挂牌成立；中国气象局于论坛举办前，向老挝气象局援建了气象视频演播系统，在会议期间将与老挝气象局举行交付仪式；举办中

国—东盟博览会气象装备与服务展，从气象装备与保障、气象大数据应用、气象预报预警与传播、人工影响天气装备与服务、气象科普与互动体验、民用气象产品展览六大主题重点展示中国各类先进的气象装备，打造中国气象装备、站网设施、业务系统、服务产品在东盟国家的输出平台。三是落实两大重要举措。建立中国—东盟气象培训合作机制，开展国别间培训或人文交流；建立“中国—东盟气象合作论坛”联系人制度，加强中国与东盟气象部门之间的沟通。

——积极落实中国—东盟气象合作倡议。《南宁倡议》为中国与东盟国家区域气象合作打开局面，两年多来，风云卫星遥感数据服务网的新增注册用户中，有 20 个来自东盟国家；中国气象局东盟大气探测合作研究中心在南宁落成；中国气象局自主研发的气象信息综合分析和处理系统已在亚洲 20 多个国家和地区落户；先后有 100 位来自东盟国家的人员参加了中国气象局组织的国际培训，首次面向东盟国家开展的灾害性强对流天气临近预报技术培训班在南宁开班。

东盟大气探测合作研究中心依托广西壮族自治区气象技术装备中心、减灾研究所和信息中心资源，按照国家级计量实验室标准建设，内容包括降水现象实验室、采集器实验室、土壤水分实验室、计量标准器比对室、计量培训与交流室以及技术装备保障业务平台，业务平台涵盖了计量检定、运行监控、维护维修、供应管理等气象装备综合业务，将满足中国与东盟国家开展仪器检测服务、技术交流、业务培训、气象计量标准器国际比对等活动，实现中国与东盟国家气象计量互认和共同发展，提升区域气象技术装备保障服务能力。

在气象论坛的推动下，双边气象合作取得了成效：在中国的支持下，缅甸气象部门数值预报模式产品的分辨率达到 9 千米；中越建立灾害天气联合会商机制；中国气象局向老挝捐赠了气象视频演播系统；中国与马来西亚开展人工影响天气技术交流。

——实施东盟灾害性强对流天气临近预报技术示范培训计划。中国气象局气象干部培训学院（简称“干部学院”）对东盟国家的气象培训具有较好的工作基础。10 多年来，东盟国家共派出 164 人到干部学院参加各类面授国际培训（其中马来西亚 40 人、泰国 31 人、菲律宾 26 人、印度尼西亚 25 人、老挝 11 人、柬埔寨 11 人、越南 10 人、新加坡 5 人、缅甸 5 人）；干部学院多次应邀赴东盟国家培训，如在双边合作框架下，6 次派团赴越南开展培训，越方学员总计约 200 人次参训；如多名教师代表应邀去菲律宾、印尼、柬埔寨、泰国等国授课。

中国气象局提出的 2017 年东盟国家学员培训计划，确定培训对象为气象及相关部门从事气象灾害临近预报预警、灾害防御管理等相关领域业务及科研人员，培训内容包括强对流天气临近预报技术、雷达卫星产品应用、防灾减灾体系建设等，旨在提升东盟国家强对流灾害性天气预报能力和气象防灾减灾预警能力。同时，介绍中国在相关领域的经验和做法；并通过搭建定制培训平台，为学员提供后续远程学习机会，达到与参训学员及其所在机构长期业务交流互动的目的，为后期其他交流合作提供借鉴。

3. 在东北亚区域双边气象科技合作也取得积极进展

目前，中国与俄罗斯联邦水文气象及环境监测局基于 1993 年合作备忘录，召开了 9 次双边会议，在多个领域进行了合作，2013 年以来中俄气象科技双边合作进一步深化；与蒙古国国家气象与环境监测局召开了 14 次中蒙气象科技合作联合工作组会议，就中蒙边境地区气象部门合作、气象通信等未来合作进行了全方面研讨；与朝鲜气象水文局举行了 17 次中朝气象科技合作会议，为朝鲜援建了 5 个自动气象站；与韩国每 2 年举行 1 次双边气象合作会议，还在中国合作建设了 10 个沙尘暴观测站；中国与日本在台风预报、数值天气预报、沙尘暴、雷达分析技术等领域开展不定期的合作。当前的合作为后续"气候合作先行"，强化中国作为负责任大国对周边国家的影响力，促进地区和平奠定了良好的基础。

(四)"一带一路"海洋气象科技合作有效实施

随着海洋经济发展，各国都存在海洋气象服务需求。这为各国开展海洋气象合作奠定了基础。"一带一路"倡议提出以来，中国与印度、越南、马来西亚、印度尼西亚和老挝等国在气象合作协议、双边工作会谈等方面陆续开展合作。2013 年 10 月和印度尼西亚正式签署了《中国气象局和印度尼西亚气象、气候与地球物理局气象和气候领域合作谅解备忘录》，建立了两国气象部门固定的双边合作机制。2014 年 8 月与瓦努阿图共和国就拓展双方在应对气候变化、海洋防灾减灾、海洋生态保护以及开展海平面联合观测在内的多个领域的合作达成共识。中国先后与印尼、泰国、马来西亚、越南、斯里兰卡等国家签署了海洋领域的合作协议。目前，中国已经与南海及周边国家建立了 30 多个海上合作相关机制，在海洋科研、环境保护、防灾减灾、海洋渔业、航道安全、海上搜救等领域开展了富有成效的合作。中国还积极推进与欧洲地区海洋国家的合作，不断深化中国与欧洲国家在海洋领域的合作。

1. 海洋气象监测合作稳步开展

为加强区域内相关国家气象观测水平，中国先后向东南亚(如泰国、印度尼西亚、马来西亚、菲律宾、越南、老挝、缅甸、孟加拉、柬埔寨)气象部门赠送中国气象局卫星数据广播系统接收站和气象信息综合分析处理系统，并开展了气象观测设备援建工作，帮助老挝和缅甸完成了自动气象站和 GPS/MET 站建设。2015 年 11 月，海上丝绸之路沿线 28 个国家共建"海上丝路空间地球大数据联盟"，签署了《关于建立海上丝绸之路对地观测合作网络的意向书》，旨在加强海上丝绸之路沿线国家对地观测能力建设；利用对地观测数据研究地区可持续发展；培训对地观测领域的青年科研人员；获取、共享、整合、加工与分析对地观测数据；加强对地观测基础设施建设等。

2. 中国承担了海洋气象预报预警服务国际义务

中国向巴基斯坦提供数值预报产品、卫星数据和高影响天气产品、汛期气候预测产品等;还向越南提供全球数值预报指导产品,并为泰国、马来西亚和柬埔寨等国提供有关定量降水估计和预报、数值天气预报、气候监测预测和气候服务等气象业务培训。2013 年 3 月,与泰国科技部地理空间技术局签订《泰国地球空间信息灾害监测、评估与预测系统合作协议书》。双方将基于地球空间信息技术,为泰国提供灾害监测评估与预测、农作物生长监测与估产等各种服务,特别针对海上灾害的监测、评估与减损服务。目前已与马来西亚政府达成联合研发风能资源精细评估技术并开展相关业务服务协议,并先期开展其沿海地区风能资源的测量、数据分析和精细化评估服务。2014 年 6 月,联合国教科文组织政府间海洋学委员会批准由中国牵头建设南中国海区域海啸预警与减灾系统和南中国海区域海啸预警中心,为南海周边国家提供海啸预警和预报信息。

3. 共建研究机构助推海洋气象领域合作

中国还积极参与本地区和全球国际组织及有关国际计划,承建了 APEC 海洋可持续发展中心、联合国教科文组织政府间海洋学委员会海洋动力学和气候研究与培训区域中心、亚太区域海洋仪器检测评价中心、东亚海洋环境伙伴关系计划区域中心,以及国际海洋学院亚太区域中心等合作平台。

三、中国气象服务保障“一带一路”发展愿景

“一带一路”气象服务保障建设,给“一带一路”沿线国家提供了重大机遇,对中国气象发展更是一次重大的历史发展机遇。为此,中国气象局提出了共建“一带一路”气象服务保障的布局愿景。

(一)“一带一路”气象服务保障布局愿景

根据“一带一路”建设布局,陆上以沿线中心城市为支撑,为重点经贸产业园区提供气象服务,与沿线国家就新亚欧大陆桥、中蒙俄、中国一中亚一西亚、中国一中南半岛等国际经济合作走廊共同提供气象服务保障。海上以重点港口为节点,气象服务保障通畅、安全、高效的运输大通道。大力提升中巴、孟中印缅两个经济走廊气象防灾减灾与公共服务的力度,提供优质气象服务保障。

南线要以海上安全为重点,加强南海台风监测预警中心建设,建立南海台风监测预警及服务中英文网站,加强与东南亚国家在极端天气联合监测预警合作及海洋气象联合观测,开展全球海洋气象导航服务,为“一带一路”任意航线、全球重要港口提供跟踪式天气服务。北线和中线要以防灾减灾为重点,重点加强与中亚地区及南亚

部分国家的气象灾害防御能力和应对气候变化能力合作，强化中国天气上游地区的资料获取能力，建立多灾种、标准化、一体化的气象灾害风险预警业务，建立“一带一路”沿线、一体化的气象信息全媒体（电视、网站、广播、自媒体、手机客户端）发布体系。

中国气象局统筹推进与“一带一路”沿线国家和地区在气象防灾减灾、公共气象服务、气象培训等方面的合作，并组织建立全球气象服务标准、研发全球气象服务技术、提供全球气象服务支撑、创建全球气象服务品牌、建立全球气象服务机制。省级气象部门重点发挥服务管理职能和辐射作用，推进与相关地区气象服务合作的实施，开展全球气象服务基础设施建设和专业气象服务。其中，广东省、广西壮族自治区、云南省、海南省气象部门推进与东盟国家在区域内气象观测、气象灾害联防和灾害风险管理、季节气候预测和气候服务、航空气象服务、气象仪器标定、气象培训教育等方面的合作，并继续组织中国—东盟气象合作论坛；新疆维吾尔自治区、西藏自治区推进与中亚国家在气象防灾减灾、气候变化研究、气象教育培训等方面的合作，建立完善中亚区域气象科技合作联席会议机制。

（二）“五个全球气象”愿景

2018 年 8 月，中国气象局制定了《全面推进气象现代化行动计划（2018—2020 年）》，提出了到 2020 年，中国气象部门基本具备全球监测、全球预报、全球服务、全球创新、全球治理能力（即“五个全球气象”），气象灾害预报预警、气象服务、气象卫星等领域达到世界领先水平。通过融合发展智能观测、智能预报、智慧服务，气象部门将充分发挥承担世界气象中心的作用，从陆地到海洋、从中国到世界，努力发展全球气象观测业务、全球气象预报业务，提供全球气象服务，使中国气象业务服务水平进入世界气象中心先进行列。

——推进全球气象监测。未来将秉持共商共建共享的全球治理理念，不断完善风云卫星全球组网观测，发展天地空一体化、内外资源统筹协作的现代气象监测业务；重点加强观测资料和数据智能应用能力；推进风云气象卫星发展及遥感应用体系建设，实现新一代静止气象卫星观测升级换代，不断提升卫星遥感应用技术水平，强化卫星等先进观测资料对模式和业务服务的保障；加强对大数据、人工智能等新技术的转化、应用。

——发展全球气象预报。充分发挥世界气象中心作用，重点发展数值预报模式，完善高分辨率资料同化与数值天气模式，提升全球大气模式分辨率和集合预报能力，建立从分钟到 10 天、空间分辨率 10 千米的全球智能网格预报业务；研发资料质量控制及多源数据融合与再分析技术，建成第一代变分与集合卡尔曼滤波混合同化系统，增强数据资料对模式的支撑能力；发展次季节至季节气候预测和气候系统模式，有能力对外发布未来 11 天到年的大气、陆面、海洋和海冰格点预测产品；发展多尺度气象数值预报模式系统，建成面向未来的满足 0～90 天预报预测需求的动力框架研发和测试系统；次季节到季节预测，建立分辨率为 30 千米的全球气温、降水网格预测业务。

——提供全球气象服务。继续深化与世界气象组织合作，积极承担国际气象服务义务，不断提供丰富的全球气象服务产品。深化与"一带一路"沿线、金砖国家、非洲国家等国家的气象合作。围绕"一带一路"建设气象合作，重点推进在"中国—中亚、中国—东南亚极端天气联合监测预警合作及海洋气象联合观测"任务以及《意向书》《南宁倡议》《乌鲁木齐倡议》等有关合作框架下有关举措的实施。以世界气象中心建设为契机，推动其他国际中心的国际合作能力建设。推进南海台风监测预警平台建设。推进中蒙俄和中巴经济走廊建设气象服务保障合作。继续完成气象援非项目一期工程的剩余工作。继续做好国际教育培训和气象援外工作。推进南海台风监测预警中心、亚洲航空气象中心和全球气象预警系统亚洲平台建设，提供全球气象服务产品。

——促进全球气象创新。未来将继续参与、倡议、主导和发起全球气象防灾减灾、合作应对气候变化、改善全球气候环境等大型国际气象研究计划和行动计划，打造国际气象合作新平台。把握重大核心气象科技全球发展趋势，通过共商合作，充分利用全球气象科技资源，创新国际合作交流方式，引导海外高层次智力资源，开展以我为主、高起点上的合作再创新。鼓励采取多种方式吸引国外高水平科学家承担或参与核心任务攻关。鼓励有条件的单位与国外相关机构建设联合实验室或工程技术研究中心。争取国际科学计划对我国攻关任务的支持，在相关国际双边、多边协议中将核心技术联合研发作为重要内容。支持攻关团队技术骨干出国访问、交流和培训。

——推动全球气象治理。发挥中国在世界气象业务组织中的作用，继续参与全球气象治理体系改革和建设，彰显大国担当责任，不断为全球气象发展改革贡献中国智慧和中国力量。进一步参与全球气象和气候变化治理，全面参与国际气候事务，并组织好气象合作双边活动，继续推动与 ECMWF、EUMETSAT 的合作。加强对国外最新气象科技发展的跟踪和分析。全面提升中国在世界气象组织和其他气象相关国际组织中的影响力和话语权，不断提升全球影响力。

第八章　“一带一路”代表性区域气象服务保障发展愿景

中国是“一带一路”倡议的提出国家，各省份广泛响应“一带一路”倡议，到 2018 年 3 月，“一带一路”各省份大都制定了本地对接“一带一路”建设的实施方案或行动计划，气象服务保障也成为建设重要内容，其中最有代表性和最具影响力是粤港澳大湾区气象发展规划、南海气象保障发展规划，随着这两大区域的气象服务保障建设的发展，中国气象保障 “一带一路”服务水平必将再创新的辉煌。

一、“一带一路”中的粤港澳大湾区气象发展愿景

粤港澳大湾区是一个城市密集、人口密集和经济密集的大湾区，又是一个最易遭受台风暴雨灾害的大湾区，在推进“一带一路”建设中，加强粤港澳大湾区气象保障体系建设，具有极其特殊的意义和价值。

（一）统筹粤港澳大湾区气象保障的意义

1. 粤港澳大湾区发展战略概述

粤港澳大湾区指的是由广州、佛山、肇庆、深圳、东莞、惠州、珠海、中山、江门 9 市和香港、澳门 2 个特别行政区形成的城市群，是继美国纽约湾区和旧金山湾区、日本东京湾区之后，世界第四大湾区，是中国建设世界级城市群和参与全球竞争的重要空间载体。

2017 年 4 月，国家发展和改革委员会制定印发了《2017 年国家级新区体制机制创新工作要点》。其中，广州南沙新区的工作要点为深化粤港澳深度合作探索，推动建设粤港澳专业服务集聚区、港澳科技成果产业化平台和人才合作示范区，引领区域开放合作模式创新与发展动能转换。创新与港澳在资讯科技、专业服务、金融及金融后台服务、科技研发及成果转化等领域合作方式，推进服务业执业资格互认，吸引专业人才落户。完善“智慧通关”体系，构建国际国内资源双向流动的投资促进服务平台。探索建立法院主导、社会参与、多方并举、法制保障的国际化、专业化、社会化多元纠纷解决平台，优化法治环境。

——粤港澳大湾区经济总况。2015 年粤港澳大湾区各城市 GDP：广州 1.81 万

亿元、香港 1.79 万亿元、深圳 1.75 万亿元、佛山 8003 亿元、东莞 6275 亿元、惠州 3140 亿元、中山 3010 亿元、江门 2240 亿元、珠海 2024 亿元、肇庆 1970 亿元；粤港澳大湾区各港口货物吞吐量：广州港 50053 万吨、香港港 25660 万吨、深圳港 21706 万吨、珠海港 11208 万吨；粤港澳大湾区各机场旅客吞吐量：香港国际机场 6850 万人次、广州白云国际机场 5520 万人次、深圳宝安机场 3972 万人次、澳门国际机场 580 万人次、珠海机场 470 万人次。

——粤港澳大湾区战略提出。在 2017 年政府工作报告中提出要推动内地与港澳深化合作，研究制定粤港澳大湾区城市群发展规划。近期国家很可能对于打造中国世界级湾区有新的部署，粤港澳大湾区将成为连结泛珠三角、珠三角和“一带一路”特别是“21 世纪海上丝绸之路”的重要区域，其战略意义非比寻常。

2014 年，深圳市政府首次提出发展“湾区经济”，2015 年粤港澳大湾区写入“一带一路”愿景，2016 年国家“十三五”规划纲要正式提出“推动粤港澳大湾区和跨省区重大合作平台建设”，2017 年在政府报告中首次提出要研究制定粤港澳大湾区城市群发展规划。粤港澳大湾区地位逐步升级，瞄准了建设全球创新发展高地、全球经济最具活力区、世界著名优质生活区、世界文明交流互鉴高地和国家深化改革先行示范区的目标。由此可见，建设“世界四大湾区之一”是国家对粤港澳大湾区的明确定位，加上这个区域也是中国海上丝绸之路的起点之一，在“一带一路”中欧班列建设发展规划中，也是重要的港口节点，所以从大方向上讲，粤港澳大湾区是一个面向世界的对外发展窗口，是“一带一路”的依托和纵深，是一个辐射全球的城市群。

——粤港澳大湾区战略区域范围。湾区是指由一个海湾或相连的若干个海湾、港湾、邻近岛屿共同组成的区域。而由围绕沿海口岸分布的港口群和城镇群衍生的经济效应则称之为“湾区经济”。

粤港澳大湾区是一个“9＋2”的格局，即广东省的 9 个城市（深圳、广州、佛山、东莞、中山、珠海、惠州、肇庆、江门）加上香港和澳门 2 个特别行政区。粤港澳大湾区是中国综合实力最强、开放程度最高、经济最具活力的区域。从经济实力看，在世界四大湾区中，粤港澳大湾区目前可排在纽约大湾区之后，潜力巨大。从产业布局看，粤港澳大湾区已初步形成珠江东岸知识密集型产业带、西岸技术密集型产业带、沿海生态环保型重化产业带。从人口和面积看，列世界四大湾区之首。粤港澳大湾区地位凸显，世界银行曾有一项数据显示，全球 60％的经济总量集中在入海口。这不仅仅是中国的巨大城市群，也是世界范围内的巨大城市群，这 11 个城市的国民生产总值相当于世界上第十大经济体。

2. 统筹粤港澳大湾区气象保障的意义

长期以来，广东省气象局、香港天文台、澳门地球物理暨气象局三地气象部门形成了良好的业务合作，合作范围涉及气象服务、观测建设、分析工具、预报技术、气候及气候变化研究、外展及交流合作等多方面，也取得了明显成效。但是，由于粤港澳大湾区处在“一国两制”制度框架之下，存在文化、法律、空间、产业等方面的基因差异，湾区内部尚未实现资金、人才、信息、技术等气象资源的自由流动；气象创新资源区域分布不均，技术扩散效应不高；气象数据共享平台、气象人才交流平台、气象成果转化平台等发展滞后，大湾区气象合作项目少。这些问题的客观存在实际上影响了粤港澳大湾区气象整体发展和气象资源效益的充分发挥。

气象保障事关粤港澳大湾区经济长远发展，事关6000多万人口的公共安全和民生福祉，是粤港澳大湾区社会经济持续、安全发展的重要保障。随着粤港澳大湾区城市群规划建设上升为国家战略，粤、港、澳三地正进入加速一体化发展的新阶段，统筹粤港澳大湾区气象保障建设，做好粤港澳大湾区气象保障具有重大现实意义。

——有利于粤港澳三地的气象资源充分发力。粤港澳大湾区城市群战略最大的特点就是城市之间的边界消失，实现资金、人才、信息、技术的自由流动，从而达到要素最优配置。但在气象领域，由于粤港澳体制机制不同，要突破体制的约束，打破行政隔离，实现粤港澳的融合则有很大难度，从而影响了粤港澳三地的气象资源充分利用。因此，如果通过体制机制创新来增强湾区气象的融合度，必将有利于促进内地和港澳地区气象部门建立协同、互利、互助的合作关系，在气象技术创新、人才培养交流、防灾减灾、生态治理等全方位的合作，按照“一国两制”，推动港澳参与国家发展、提升竞争力、保持长期繁荣稳定，凸显大湾区在国家经济发展和全方位开放中的引领作用。

——有利于整体提升粤港澳大湾区气象灾害预警联动能力。粤港澳大湾区是中国综合实力最强、开放程度最高、经济最具有活力的地区之一，拥有世界上最大的海港群、空港群及三万多家的国家级高新技术企业。大湾区经济发达、人口稠密、基础设施密集，但台风、暴雨等自然灾害频发，对大湾区气象服务和深度合作提出了更高要求。如果推动粤港澳大湾区气象一体化建设，加强分工协同，完善区域内气象监测网、预警水平、统一发布机制，必将有利于保障大湾区经济社会安全发展。如果粤港澳气象部门间在区域数值预报模式、数据共享、闪电定位网观测、短时临近预报等业务服务方面实现紧密合作，就可率先在大湾区合作气象治理模式和机制创新能力方面进行示范，带动大湾区产业和公共服务步入深度融合新阶段。

——有利于增强粤港澳气象协同创新。统筹粤港澳大湾区气象保障，可以充分利用湾区科技创新基础、政策优势和港澳气象部门外向型体制优势，进一步激发气象协同创新活力，吸引国际气象科学技术和机构落地湾区，汇集国内外优秀人才，夯实大湾区气象事业发展基础。随着以云计算、大数据、人工智能、物联网为代表的新兴技术不断成熟，第四次工业革命加速孕育，数字化、智能化、无人化和跨领域协作等新特点逐渐呈现出来。信息技术正推动气象科学与技术更紧密交融、气象业务与服务更具交互性，“智慧”引领的气象科技竞争持续加剧，大湾区气象协同创新正是时代发展提出的要求。

——有利于中国气象融入全球气象治理。统筹粤港澳大湾区气象保障，可以借助港澳国际窗口的对外优势，活跃的贸易优势、先进的科技优势，以湾区为支点，促进中国气象伴随贸易、航运和工程项目走出去，提供保障服务；气象科技走出去，带动南亚、东南亚区域发展中国家的进步；气象服务、气象产业、气象装备走出去，在巩固国内市场基础上，开拓和占领国际服务市场。依托“一带一路”，服务南亚、东南亚、“一带一路”沿线国家。参与 WMO 示范项目，高效发挥湾区气象科技与人才的带动和影响作用，推动全球气象事业发展水平提升。

(二)推进粤港澳大湾区气象保障建设的突破点

统筹推进粤港澳大湾区气象保障建设，可以选择从建立合作平台，推动要素的自由化流动，加强灾害联防协同、科技创新合作、数据信息共享、人才培养交流等方面实现突破。

1. 合作共建粤港澳大湾区气象平台

打破城市等级化发展旧理念，建立基于功能型、网络化发展的区域城市群气象治理新理念，统一布局气象监测网络，进行整体性、多中心顶层设计，发挥“9＋2”城市的各自所长，规划海上丝绸之路气象灾害监测预警中心、大湾区综合交通气象服务中心、大气科学与生态气象发展研究中心、大湾区气象融合创新共享平台、粤港澳智慧气象平台等合作共建载体，推动区域协同建设，促进沟通协调，运用市场机制推动人才、数据、科技资源等高效流动和科学配置。充分依托深圳前海深港现代服务业合作区、落马洲深港科技创新特别合作区、珠海横琴粤澳合作区等支持科技创新合作的政策与创新载体，推动大湾区气象规划粤港、粤澳合作落地。

2. 协同共建粤港澳大湾区气象灾害防御机制

统筹推进大湾区突发事件应急管理合作，建设突发事件的应急管理合作体系，推动建立互利共赢的区域合作关系。打破行政壁垒，为大湾区交通路网建设、运行，大气污染联防联控和生态文明城市建设提供无缝隙、精准化、智慧型的一体化气象保障。加强大湾区公众对粤港澳三地预警信息的认知度，基于大珠三角天气网站及世界气象组织二区 GMAS-A 先导项目，发展大湾区气象网站，综合发布预警信息，实现与国家预警信息发布系统及新一代突发事件预警信息一体化发布系统的有效对接，各类预报预警信息的多渠道和及时有效发布，增强气象灾害防御能力。构建信息化、集约化、标准化的大湾区气象灾害防御协同化平台。积极开展机制创新，建立灾害会商机制，及时主动对接，启动视频、电话等形式会商；建立信息互通机制，及时通报灾害影响、当地应急预案启动以及灾害应对中的其他重要信息；建立协同处置。

3. 共同促进粤港澳大湾区气象科技合作

依托粤港澳政府间合作框架协议，重点在大湾区气象数据共享、区域数值天气预报技术、精细化天气预报预警技术、气候变化影响与应对、海洋大气综合探测等方面深入合作。探索建立大湾区科技成果互认和业务准入制度，促进气象自主创新和成果转化，助力打造大湾区国际科技创新中心。中国气象局、香港天文台和深圳市气象局联合共建大湾区气象融合创新共享平台，构建跨行业、跨区域、跨部门的创新网络，建立线上线下结合的开放式创新服务载体。推进重点领域科技成果转化中试基地建设，建立科技成果管理与信息发布系统，建立气象科技报告制度。通过众创平台推动众智创新发展，建立激励众智创新的"专利"制度和科研成果业务应用的积分制度，保护个体创新，鼓励开放开源和继承发展。积极探索众包开发、知识产权激励、风险竞投等遴选发现创新成果的手段机制，打通科技成果向业务服务能力转化通道，提升科技对气象现代化的贡献率。

4. 合作推进实现气象数据信息共享

建设以云端为重点的大湾区信息基础设施架构，开发数据信息共享平台，完善气象数据质量控制与标准化管理，实现便捷接通数据共享平台及技术分析系统，推动粤港澳三地协同发展。拓宽大湾区实时气象数据开放范围和服务渠道，吸引和鼓励社会组织和个人对开放的气象数据资源进行开发利用，完善大湾区气象数据管理和服务机制。完善国际气象信息交换与共享机制，推动大湾区与"一带一路"沿线国家和地区的双向开放、信息交换、资源共享。

5. 合作创建粤港澳大湾区气象人才交流培养机制

立足粤港澳气象合作交流基础，充分发挥三地气象业务、科技、服务等基础优势，建立针对湾区典型灾害天气核心技术问题的联合攻关机制、人才交流培养机制、人才引进共用机制等。统筹大湾区内专业、技术和管理等人员培训，共建大湾区气象科技人才培训中心。依托大湾区台风监测预报预警中心，深化与港澳地区高校合作，吸引国外学者和科研人才，鼓励气象、环境、机械工程及信息科技等交流，加强气象科学基础研究，并将研究成果应用于气象服务。加强国际气象人才合作，强化与"一带一路"沿线国家气象科技创新人才交流，积极参与气象科研业务重大国际合作计划，采取多种方式吸引国外高水平科学家承担或参与湾区气象核心任务攻关，支持攻关团队技术骨干出国访问、交流和培训，提高气象技术服务的国际化水准。建立区域访问学者制度，开展针对市级之间横向预报员、气象服务和保障人员及管理人员定期交流访问，加强纵向及交叉交流力度。

(三)粤港澳大湾区气象保障发展愿景

气象部门高度重视粤港澳大湾区气象发展，积极提升气象保障服务能力，融入国家发展战略。内地与香港、澳门气象交流与合作日益密切，特别是在数值天气预报、气候监测、环境与气象服务、人员交流等方面成效显著。2018 年 12 月举行的粤港澳大湾区气象发展规划研讨会上，中国气象局与香港、澳门气象部门代表一致认为，要对接国家战略需求，加强统筹协调，创新合作机制，加快三地气象工作深度融合，将大湾区气象事业打造成气象现代化、智慧气象服务和"一带一路"气象合作的示范窗口，形成更高水平的防灾减灾保障体系，为粤港澳大湾区经济社会发展保驾护航。

——粤港澳大湾区气象保障发展愿景目标。中国气象局为贯彻落实国家提出《粤港澳大湾区发展规划纲要》，正在抓紧制定《粤港澳大湾区气象保障发展规划》，并已经初步提出了粤港澳大湾区气象保障发展愿景目标，即到 2025 年，建立完善粤港澳大湾区综合气象观测体系，卫星应用技术得到大力发展，建成大湾区天空地一体化气象综合观测站网；风云极轨和静止卫星协同观测为主、重点地空站网综合观测为辅的运行模式初步实现，为粤港澳地区内的交通运输、能源和电信设施、重要经济活动和发展决策等提供支撑。粤港澳地区气象发展全力配合建成以国家级为主体、以"一带一路"为重点的全球天气气候一体化预报业务；基本形成体系完备、科学规范、运行有效、开发合作的粤港澳大湾区气象服务机制；形成更加完善的适应需求、功能完善的粤港澳大湾区气象服务保障业务体系；形成内地和港澳地区互补的大湾区发展气象保障开放合作平台，形成粤港澳大湾区气象合作新格局，内地和港澳地区政策支撑体系和协调机制逐步完善，粤港澳大湾区气象服务能力、气象科研和人才支撑能力以及内地与港澳地区气象合作水平明显提升，为促进中国气象服务能力达到世界领先水平作出贡献。

——建成大湾区天空地一体化气象综合观测站网，包括建立以卫星遥感为核心的天空地一体化的气象综合观测网，天基观测主要通过风云气象卫星联合太阳同步轨道气象卫星及国外卫星共同工作。空基观测主要结合 WMO 国际交换探空站，升级和新建空基气象综合观测系统，实现对粤港澳大湾区内港口和航道高空间分辨率、高时间分辨率和高辐射精度的观测。地基观测主要建立新一代天气雷达观测网。观测站网建设以遥感产品验证（订正）和局地气象预报服务为目的，重点加大与铁路、航道、电力、电信基础设施建设运维保障配套的专业气象观测网络建设力度，完善观测资料综合应用体系建设。联合发展先进高效的综合气象观测系统，构建粤港澳大湾区内统筹气象观测、天地空一体、实现"一网多用"的综合气象观测网，提升粤港澳大湾区内气象资料的实时获取能力。

——形成全球天气气候一体化预报业务，包括联合推进全球/区域数值预报模式的研发和应用。协同完善全球化、一体化现代天气气候业务，共同推进现代天气气候业务向无缝隙、精准化、智慧型方向发展；联合发展精细化气象服务技术，共同研发精细化的多种类数值模式产品的解释应用等核心技术，建立一体化的专业气象服务指标、模型、典型案例和相关技术方法等的知识库，实现专业气象服务的互动性、融合式和可持续发展；研究建立适用于粤港澳大湾区内的多模式集合预测系统，研发多模式集成客观预测与降尺度解释应用技术，开展区域内主要气候要素、全球极端气候事件和气候现象的实时预测，开发延伸期一月一季一年的集合预报、概率预报产品，提升对粤港澳大湾区内短期气候预测服务能力。

——建成完备规范有效的粤港澳大湾区气象服务机制，包括在粤港澳大湾区内开展定点、定时、定量的预报服务和基于位置和需求的气象服务；完善旅游气象观测网络，建立内地与港澳地区联合发布相关旅游景点的旅游气象信息；加强内地与港澳地区在航空气象服务方面的合作，研发以卫星资料为基础的危险天气识别产品和基于多源资料的强对流监测分析预报产品，提升立体交通物流大通道气象保障能力；联合港澳地区共同研发气象服务影视节目，建立重要地区的精细化气象服务网站；加强粤港澳大湾区内交通气象服务、能源电力气象服务、电信设施气象服务以及基础设施规划气象服务、城市发展规划气象服务；大力推动该地区城市群气象服务，共同开展天气、气候和气候变化对疾病发生规律、病理影响机理的综合研究；强化海洋气象服务发布能力，完善海洋气象广播电台布局，建设粤港澳大湾区台风监测预警中心，建设完善粤港澳大湾区台风监测预警及服务中英文网站；建设以海洋气象广播系统和北斗卫星预警发布系统为核心，结合电视、网络、手机等多种手段的海洋信息发布网络，实现对粤港澳大湾区内海洋信息的全覆盖；鼓励和支持粤港澳地区气象企业与“一带一路”沿线国家的企业深度合作，为跨境企业提供针对性专业气象服务，鼓励粤港澳大湾区内民间资本跻身于气象领域，投入气象信息产业的开发。

——健全粤港澳大湾区防灾减灾合作机制，包括以提升气象防灾减灾能力为目标，探索建立粤港澳大湾区气象防灾减灾协同保障机制，重点在信息传播、防灾减灾决策、灾害应对动员、灾害风险管理等方面建立交流合作机制，建立常态化的气象服务沟通协调渠道，统一防灾减灾气象服务的标准，实现防灾减灾抗灾的融合；建立粤港澳大湾区气象灾害防御协调机制，完善气象灾害跨区域应急联动机制，完善常态化区域联席会议和联络员会议制度；进一步规范和引导社会团体、企事业单位以及志愿者等各种社会力量参与气象等灾害应急救援工作，全面提高气象灾害协同应对能力；推动完善新型气象合作平台建设，探索粤港澳大湾区气象服务合作平台建设，有针对性地加强重点项目合作机制研究。

——建立健全粤港澳大湾区内气象资源共享机制，包括推进粤港澳大湾区气象数据收集与共享服务，支持港澳地区便捷获取内地气象观测数据和数值模式、精细化预报等产品，并提高天气系统在内地与港澳地区之间气象监测信息共享的时效性；加强气象灾害联防和灾害风险管理领域合作，与港澳地区建立基于互联网的灾害性天气讨论和信息通报互动平台，实时开展有关台风、暴雨、冷空气、干旱和其他极端天气事件的灾害性天气会商。开展气象灾害风险普查、区划、评估预警以及转移等灾害风险管理以及业务预警技术与平台研发等方面的合作与交流；重点加强与港澳地区气象行业各层次人员的有关合作和业务技术交流，加强对港澳地区气象人才培养，成立专门针对港澳地区的气象培训机构。

——推进粤港澳大湾区气象与智慧城市融合。粤港澳地区智慧城市发展理念非常先进，已经有很多实体项目在运作。比如深圳市中电科新型智慧城市研究院有限公司主导打造的“城市运营管理中心”，其利用大数据平台，为政府、企业、公众提供创新服务，通过对城市大数据中心各类数据处理、分析和挖掘，形成有效的数据资源，助力技术研发和产品创新，推动新型城市经济建设。气象部门应该借助于粤港澳大湾区经济建设的契机，落实智慧气象理念，在粤港澳地区积极开展气象与智慧城市融合工作，增强粤港澳地区气象服务智慧城市建设的保障能力。

二、“一带一路”中的南海区域气象发展愿景

南海是中国最大的领海海域，南海区域热带气旋（台风）、强对流、海上大风和海雾等灾害性天气频发，南海季风的发生发展不仅影响华南区域，而且也影响着中国大部地区的天气、气候变化。随着海洋经济的发展，特别是海上丝路经济发展，高质量提供泛南海气象服务保障显得尤其重要和迫切。

(一)南海气象保障建设的意义与条件

1. 南海区域概况

南海，中国南海（中国领海）的简称，位于中国大陆的南方，是太平洋西部海域，九段线内海域为中国领海，自然海域面积约 350 万千米^2，中国领海总面积约 210 万千米^2。南海南北纵跨约 2000 千米，东西横越约 1000 千米。南海诸岛包括东沙群岛、西沙群岛、中沙群岛和南沙群岛。南海中国大陆海岸线长 5800 多千米，沿海地区包括广东、广西和海南、台湾。南海地处低纬度区域，是中国海区中气候最暖的热带深海。南海海水表层水温高（25～28℃），年温差小（3～4℃），终年高温高湿，长夏无冬。南海盐度最大为 35‰，潮差小于 2 米。

2. 南海气象保障建设的意义

南海在“一带一路”建设中具有极其重要的位置，既是海上丝绸之路的重要通道，又是重要的发展区域，还是海洋气象风险高发区域。因此，南海气象保障建设具有重要现实意义。

中国海洋和沿海提高防灾减灾能力需要气象保障。南海及其沿海地区是中国最重要的经济区之一，人口密集，航线纵横，但南海区域热带气旋（台风）、强对流、海上大风和海雾等灾害性天气频发，源于南海的天气系统常常给沿海地区带来灾害性天气。登陆南海沿岸的台风占全国登陆台风的 80%以上，其中 36%的台风源于南海区域。因此，在南海加强海洋气象监测、预警、预报、预测工作和海气相互作用等科学研究，做好海洋公共气象服务，将有力提升中国南海区域和沿海的防灾减灾能力，为经

济社会发展提供有力保障。同时，由于气候变化，南海季风更是对华南地区乃至全国的天气气候有重要影响，南海季风的爆发开启了从印度洋经南海到中国大陆的水汽通道，其显著的年际变化或异常，直接影响着中国大部分地区的天气气候，与中国的旱涝、高温和冷害等灾害密切相关；南海区域一方面广阔的海洋起到了热量和二氧化碳储存器的作用；另一方面，南海及周边地区是北半球天气气候的一个强迫源地和变化最敏感地区之一，南海季风对东亚地区的能量和水分循环有重要影响，对中国气候变化的影响和对全球气候变化的响应都非常显著。为此，发展南海海洋气象业务也是中国应对气候变化的迫切需求。

中国东南沿海实现经济社会可持续发展需要气象保障。中国南海区域是全国重要的经济发达地区。在珠江三角洲，由广州—香港（深圳）—澳门（珠海）等城市构成的超级城市群，在世界经济中具有举足轻重的地位，北部湾和福建海峡西岸地区经济也快速发展，但是南海沿海区域气象灾害频繁，特别是来源于南海或者经过南海的台风等重大气象灾害，对该区域经济发展构成重大威胁，每年因气象灾害造成的经济损失超过 200 亿元。为此，加强南海海洋气象业务能力是保障中国东南沿海经济社会可持续发展的需求。

中国南海资源开发和航行安全需要气象保障。南海拥有丰富的渔业资源、油气资源和气候资源。这些资源的开发利用离不开海洋气象服务保障。南海是连接西太平洋、印度洋和爪哇海的重要海上交通纽带，从航道资源上看，每年大约有 4 万多艘船只经过南海海域。日本、韩国和中国，包括台湾省，90%以上的石油输入要依赖南海航道。经过南海航道运输的液化天然气，占世界总贸易额的三分之二。中国通往国外的近 40 条航线中，超过一半以上的航线经过南海海域。可见南海海域已经成为中国国民经济和社会发展的重要咽喉要道和重要资源地，这些都迫切需要全面、精细的海洋气象服务保障。

琼州海峡和台湾海峡民生活动需要气象保障。琼州海峡是中国三大海峡之一。随着海南经济的飞快发展，海南要融入全国水陆交通网，就必须通过这个跨海通道。但是琼州海峡灾害性天气发生频繁，特别是海面强风对海峡运输带来极大风险，每年因封航而造成的直接经济损失达数亿元。台湾海峡及两岸同处于一个大陆架，受西风带和东风带双重天气系统及台湾海峡狭管效应的影响，是海洋气象灾害的高发区，经常性的气象灾害严重影响琼州海峡和台湾海峡民生活动。无论是从国家战略、海峡西岸经济区和海南省的经济社会发展，还是该区域民生活动考虑，都迫切需要加强琼州海峡和台湾海峡的气象服务保障。

“一带一路”泛南海经济圈国际合作需要气象保障作基础。泛南海区域理论上涵盖南海、东南亚周边及太平洋、印度洋等局部地区，区域总面积约为 2500 多万千米^2，区域人口总数为 9.5 亿，2015 年，区域内 GDP 总量为 43408 亿美元，占世界 GDP 总量的 6%。在泛南海经济合作架构下，中国南海沿海地区的海南、广东、广西、福建，以及台湾、香港、澳门 7 个地区将成为落实合作的核心区域。泛南海气象保障是域内国家的共同需要。南海是季风的爆发地、热带气旋的生成地之一，在南海区域的热带气旋、强对流、海上大风和海雾等灾害性天气频发多发，南海季风的发生发展不仅影响中国华南地区及大部分地区的天气气候变化，也直接影响着南海周边国家和地区。目前，泛南海区域无论在气象技术交流与合作研究，还是预报预警与防灾减灾合作上都未形成完整的合作框架和体系，共建“环南海气象技术与服务协作体”是域内国家共同的发展需要，是提高“21 世纪海上丝绸之路经济带”气象保障能力的需要，也是推进“一带一路”倡议的具体行动。

3. 南海气象保障建设具有一定基础

“十二五”以来，中国气象局和海南省政府都十分重视南海气象保障建设，基本形成了“三个基地（南沙、西沙、三亚气象观测基地）”“一个中心（中国南海气象预警中心）”“一个系统（气象保障系统）”海洋气象业务服务格局，为提高“21 世纪海上丝绸之路经济带”气象保障能力奠定了一定基础。

——岸基观测向深海不断推进。“十二五”期间，在海南通过实施“中国南海气象预警工程”建设，现已在南海基本建成以三亚六道岭综合气象观测基地为中心的海南岛观测区、以西沙永兴岛综合气象观测基地为中心的西沙观测区，以南沙美济礁综合气象观测基地为中心的南沙观测区，截至 2018 年 10 月，海南岛自动气象站总数达 543 个，南海 21 个海岛自动气象站以及船舶自动站、大型海上浮标站的建设与完善，形成了覆盖海南岛以及西沙、南沙、中沙岛礁的海洋气象观测站网，基本建成岸基、海基、天基组成的综合、立体、连续、多学科同步的海洋气象观测系统，实现了长期、连续、稳定的海洋气象观测；建成了有线和无线相结合的通信网络系统，实现新一代国内气象通信系统、气象资料质量控制系统和气象探测设备运行监控系统的业务化运行。

——形成了 1 千米×1 千米的海洋气象格点预报。海南智能网格预报的单轨业务运行，形成了一体化业务流程——可实时导出各类预报服务产品，实现预报产品 0～10 天逐小时更新、空间分辨率精细至 1 千米。依托智能网格预报业务，海南省气象局编织了一张铺满整个南海的气象“天网”，对南海海区、渔场、航运航线及包含西沙永兴岛、中沙黄岩岛、南沙永暑礁在内的 21 个南海岛礁提供高频次、多要素、精细至 1 小时 1 千米，时效长达 10 天的预报服务产品，在全国处于领先地位。可实现任意时间、地点的动态预报提取，预报精细至街道、村落、渔区和航线。高精度、高频次、多要素的精细化预报为南海海上运输、游轮航行、资源开发、渔业养殖捕捞、海上搜救以及国家“一带一路”建设提供可靠的气象保障服务。

——海洋气象服务水平不断提高。在南海区域的海洋气象服务覆盖面不断扩大，服务领域不断拓宽，气象服务的针对性逐步增强，服务手段不断完善。区域内的气象台站每天定时向公众发布常规海洋天气预报，并不定时发布海上强风、热带气旋等灾害性天气消息和警报、预警信号，发布手段包括电台、电视、网站、报纸、手机短信等。海洋气象台站为海洋搜救和救援、近海渔业养殖和海上捕捞、港口及跨洋航运、海上石油平台、海上风能开发、近海海洋旅游等提供多种形式的专业化海洋气象预报服务。

——泛南海气象科技合作开始启动。海南省气象局、气象学会与省科协联合举办的“南海风云论坛”年会层次和影响不断提升。同时，还参与中国一东盟气象合作论坛的联合举办。在中国气象局和海南省政府的支持下，海南省气象局利用地域优势、上下联合推进“泛南海气象技术与服务合作体”条件已经成熟。

(二)南海气象保障发展的愿景

南海气象保障发展未来的愿景，需要从两个方面的实际考虑，一是从本国南海经济社会活动的气象服务需要出发，推进南海气象保障建设；二是从落实“一带一路”倡议出发，促进泛南海区域的气象科技合作与气象保障建设。

1. 南海气象保障建设愿景

(1)南海气象保障建设愿景目标。到 2020 年，建成南海海洋气象综合观测系统，实现对南海海域立体气象监测，南海海洋的预报预警能力达到世界先进水平，构建起完善的灾害预警和防范体系，为南海区域的经济发展提供全方位的海洋气象服务。到 2035 年，以南海气象保障建设为主体，形成与泛南海气象保障相协同的海洋气象服务体系，形成与泛南海区域常态化的气象科技合作机制，南海和泛南海区域气象保障达到世界先进水平。

(2)南海气象保障建设愿景计划。完善南海海洋气象综合监测网，以海洋气象综合观测基地为核心，建设地基气象观测站网及遥感、飞机探测相互补充的南海海域立体气象监测站网；发展具有自主知识产权的南海海域中尺度数值天气预报模式系统，重点满足对南海风浪、海雾和风暴潮等的预报预警服务需求，提升南海海洋气象灾害预警服务能力；建立完善满足中国南海海洋经济活动和海洋气象公共产品的气象保障服务系统。

——建立完善南海海洋气象综合观测系统。以海洋气象综合观测基地为核心，完善地基气象观测站网，建设卫星遥感、飞机探测系统，构建南海海洋气象综合监测网。内容包括：在南海沿岸及岛屿建设海洋气象综合观测基地；完善地基气象观测站网，建立监测系统。

——提升南海海洋气象业务服务能力。依托华南区域气象中心(广东省气象局)建立面向南海的海洋气象预警中心，以适应经济社会发展和可持续发展的需求，建设结构比较完整、功能比较齐全的南海海洋气象业务的基本框架，增强南海海洋气象业务和公共服务能力，提升海洋气象科技水平，较快地缩小业务服务能力与需求之间的距离，缩小与发达国家海洋气象业务水平的差距。

——建立完善南海海洋气象信息共享平台。重点构建面向南海海洋气象业务服务、开放合作的信息共享平台,包括岸基海洋气象观测、卫星遥感信息、海上浮标等观测信息,南海海洋预报预警信息的综合海洋信息共享平台。建设实时和历史综合气象信息海量数据库和信息共享平台,实现海洋气象数据标准化,数据存储管理共享服务的规范化。

——构建南海海洋气象服务体系。针对南海防灾减灾、资源开发、航运等多层次的气象服务需求,努力提升海洋气象服务能力,拓宽服务手段,丰富服务内容,包括构建面向政府的决策服务平台,面向公众的信息服务的海洋气象预报预警信息广播、电视、短信、电话、网站发布系统,构建面向生产的海洋气象专业服务平台。

——加强南海海洋气象业务支撑能力建设。重点是加强南海海洋气象科学研究及技术开发,包括开展南海海一气相互作用对海岸带天气的影响研究、南海热带气旋形成发展机理和预报技术研究、海洋卫星气象遥感资料的同化应用研究、南海气候变化及其对我国天气气候的影响、海洋气象观测试验研究。

——加强海洋气象科技人才培养。当前,海洋气象科技人才严重不足,成为制约南海海洋气象业务发展的最大瓶颈。从根本上说,海洋气象业务的发展,必须把培养海洋气象科技人才作为一项极为重要的战略任务来对待。建立激励机制,培养、挖掘人才,制定政策,吸引人才,创造留住人才、鼓励人才创业的大环境。人才的培养离不开教育,中国气象局应当把海洋气象科技人才的培养放在急需培养的人才之一。

2. 泛南海气象科技合作愿景

(1)秉承丝绸之路精神。“泛南海气象技术与服务合作”,应秉承“一带一路”倡议提出的共商、共建、共享原则,“和平合作、开放包容、互学互鉴、互利共赢”的丝绸之路精神,对构建一个泛南海国家和地区共同协商合作机制和规则,共建气象资料、技术研究、气象服务平台,共享观测、预报、研究和服务成果的合作体。

(2)泛南海气象科技合作愿景目标。在2020年前,可构建泛南海周边国家和地区较为稳定的气象合作对话机制;共商形成气象技术和服务合作框架协议,初定气象观测、业务技术、科学研究、人员培训等合作机制;启动泛南海区域气象服务“一张网”平台建设。到2025年,可建成泛南海气象技术与服务稳定合作体,具备完善的协商、共建、共享机制;建成集气象观测、预报预测预警服务、灾害联防等信息一体化的成员共享平台和面向区域内公众平台;建立常态化有年度计划的泛南海气象科研合作攻关、人员互访技术交流和能力培训。

(3)构建泛南海气象保障框架和机制。本着“各国共商、共建、共享”原则,依托中国—东盟国家气象合作框架,借助中国—东盟气象合作论坛,协商举办“泛南海气象技术与服务合作论坛”。通过论坛协商构建泛南海气象技术与服务合作交流框架,逐步共商建立泛南海气象技术与服务合作体及常态化合作机制。通过论坛协商达成“泛南海气象技术与服务合作体”的合作交流机制,确定联合共建的任务、目标、建设方式等内容，明确共享的资源和成果，确定技术人员交流培训的计划和实施途径。

——促成泛南海区域达成气象合作机制，共建泛南海气象技术与服务共享平台。平台实行模块单元化组合，内容包括气象基础资料、预报预测预警产品、气象服务产品三个模块单元；平台适合泛南海国家和地区语言习惯的多语种网站和智能服务客户端，实现“一张网”多方式共享。

——促进泛南海气象基础数据共享。目前，南海周边国家都有自己的气象基础观测数据，主要是各自陆地观测的数据，而在南海海洋表面的气象观测站点严重不足，锚系浮标观测站点稀疏，气象卫星缺乏对海洋气象的针对性观测，不能适应远海和远洋保障服务需要，缺乏对海洋高空大气的观测能力，下投探空等新型观测手段尚未应用到海洋气象观测业务中，数值预报和服务领域急需的各类气象要素观测在时空、密度方面都亟待补充。受海上复杂观测环境影响，海洋气象观测资料的准确性和代表性较差，资料质量控制能力亟待加强，缺乏资料深加工产品和专门的海洋气象数据集。现有计算和存储资源不能满足新增多源海洋气象资料的处理、融合分析，以及海洋气象数值模式、集合预报系统等业务运行需求。数据技术标准是共享和应用的基础。泛南海国家和地区协商达成一致的气象基础数据技术标准，是数据共享和应用合作的基础。在此基础上，共商、共建、共享气象基础资料数据共享平台，明确各自义务和责任，确定使用范围、共享方式，以及平台安全和维护等。

——推进气象预警标准统一与气象预警信息共享。目前相对常规气象预报，南海周边国家和地区支撑海洋气象预报的科技基础能力薄弱，特别是海洋气象数值预报模式等核心技术水平不高，与发达国家差距明显。近海区域气象预报时效和精细化程度不够，海洋气候产品单一，难以满足海洋经济发展需要，也难以有效开展气象灾害联合协作的预报预警服务。随着南海区域全面合作的推进，无论是海洋经济发展合作、互联互通、旅游交通，还是区域防灾减灾都需要共建气象预报预测预警产品共享平台。其主要任务是协作体成员单位共同协作建设南海区域海洋气象数值预报模式，为区域提供共享的数值预报产品；按照协商一致的标准，协作体成员制作各自的站点、旅游景点、交通、海浪等预报产品，按规定同时次提交到共享平台；根据需求各成员制作短期气候预测产品共享在平台上，供成员参考；对区域内台风等气象灾害各成员主动开展监测预警，预警信息随时滚动提交到共享平台上，供成员参考。

(4)开展泛南海气象技术与服务科研合作机制。泛南海区域气象科学问题是全球气象科学的重要组成部分，面对同一区域气象科学问题和共同关注的技术问题，开展科研攻关合作是合作体可持续发展的动力之源。其主要任务是共商建立“泛南海气象技术与服务合作体”科研合作机制，共同筹资组建“泛南海气象技术与服务合作体”科研基金，并可争取世界气象组织和亚洲开发银行的技术援助项目支持；每年协商确定下一年合作体科研基金项目指南，确定当年项目立项；依靠区域科技研究，加强合作交流力度和深度，拓展科技人员相互交流的范围和力度，解决区域内共同关注的气象问题，提高区域气象科技能力。

(5)加强泛南海气象人员交流培养机制。无论气象业务技术合作，还是气象科学研究交流合作，关键在于气象从业人员的交流，从“民相亲”走向“心相通”，建立稳定长效的泛南海气象业务与管理人员交流培养机制，通过人员的培养和交流，加强沟通，增强理解是合作的基础。可建立人员短期互访、访问学者、工作交流、集中培训等多种交流机制，让合作体成员从业务技术、科研攻关、管理学习等多层次、全方位加大交流次数和人数，加强相互认识和理解，促进合作体走向深度共商、融合共建、全面共享。

参考文献

陈积敏，2018. 正确认识“一带一路”[N]. 学习时报，2018-02-26(002)

杜德斌，马亚华，2015. “一带一路”：中华民族复兴的地缘大战略[J]. 地理研究(06)：1005-1014.

高德平，2005. 波兰[M]. 北京：社科文献出版社：3.

国家发展和改革委员会，外交部，商务部，2015. 推动共建丝绸之路经济带和 21 世纪海上丝绸之路的愿景与行动[Z/OL]. http://www.xinhuanet.com/gangao/2015-06/08/c_127890670.htm.

国家发展和改革委员会，中国气象局，国家海洋局，2016. 海洋气象发展规划(2016—2025 年)[Z/OL]. http://www.ndrc.gov.cn/gzdt/201602/t20160224_784407.html.

韩鹏，钱洪宝，2015. 海洋科技在 21 世纪海上丝绸之路建设中的作用[J]. 海洋技术学报，34(3)：122-124.

洪伟东，2014. 推进海上丝绸之路建设 打造广东开放型海洋经济升级版[J]. 港澳经济(31)：22-24.

侯利民，2015. 21 世纪海上丝绸之路战略的背景、定位和实现路径[J]. 淮海工学院学报(人文社会科学版)，13(6)：14-16.

江然，官秀珠，2015. “一带一路”战略下深化海峡两岸气象科技交流与合作的探讨[J]. 海峡科学(9)：31-33.

金玲，2015. “一带一路”：中国的马歇尔计划？[J]. 国际问题研究(01)：88-99.

孔锋，林霖，刘冬，2017. 服务“一带一路”建设，建立南海地区自然灾害风险防范机制[J]. 中国发展观察(z2)：47-49.

孔锋，吕丽莉，王一飞，等，2018. “一带一路”建设的综合灾害风险防范及其战略对策[J]. 安徽农业科学，45(22)：214：216+230.

李晓，李俊久，2015. “一带一路”与中国地缘政治经济战略的重构[J]. 世界经济与政治(10)：30-59+156-157.

刘赐贵，2014. 发展海洋合作伙伴关系推进 21 世纪海上丝绸之路建设的若干思考[J]. 国际问题研究(4)：1-8.

刘慧，叶尔肯·吾扎提，王成龙，2015. “一带一路”战略对中国国土开发空间格局的影响[J]. 地理科学进展(05)：545-553.

刘林智，2004. 海上丝绸之路及其特色旅游资源开发[J]. 资源开发与市场，20(2)：139-140.

刘卫东，2015. “一带一路”战略的科学内涵与科学问题[J]. 地理科学进展(05)：538-544.

刘星辰，王慧，2012. 气候变化时代海洋国土的新挑战[J]. 资源与人居环境(3)：37-38.

卢昌彩，2014. 建设 21 世纪海上丝绸之路的若干思考[J]. 决策咨询(4)：5-9.

麦康森，2014. 21 世纪海上丝绸之路与中国海洋战略性新兴产业[J]. 港澳经济 (31)：17-19.

曲青山，2017. “一带一路”倡议的中国担当[J]. 人民论坛(23)：6-9.

史培军，孔锋，叶谦，等，2014. 灾害风险科学发展与科技减灾[J]. 地球科学进展，29(11)：1205-1211.

宋国友,2015.“一带一路”战略构想与中国经济外交新发展[J].国际观察(04):22-34.

宋鑫陶,2014.海洋经济与“海上丝绸之路”[J].商周刊(22):50-53.

孙健,廖军,2018.“一带一路”气象服务战略研究[M].北京:气象出版社:3.

孙兆滨,官福顺,林巨洪,2007.海洋气象观测网专业网建设规划初步方案[C]//中国气象学会2007年年会气象综合探测技术分会场论文集:236-244.

王慧,李廷廷,2014.气候变化背景下海洋安全的新挑战[J].浙江海洋学院学报(人文科学版),31(3):1-6.

王维国,缪宇鹏,孙瑾,2012.欧亚极端寒冷事件分析及灾害应对措施[J].中国应急管理(3):52-55.

王义桅,2015.论“一带一路”的历史超越与传承[J].人民论坛·学术前沿(09):19-27.

王义桅,郑栋,2015.“一带一路”战略的道德风险与应对措施[J].东北亚论坛(04):39-47+127.

吴喜德,纪龙,2013.关于气候变化对中国港口影响及应对措施的探讨[J].中国水运,13(10):116-118.

肖汉强,2014.推动海上丝绸之路和生态文明建设的战略与建议[J].办公自动化(19):21-21.

许光达,2011.气候变化时东南亚国家的影响及其合作应对[D].广州:暨南大学:6.

杨锦坤,武双全,杨扬,2015.海洋观测网规划支撑体系与系统架构设计探讨[J].海洋信息(3):29-33.

杨明,2014.合作开发南海海洋旅游共同建设海上丝绸之路[J].港澳经济(31):70-74.

叶琪,2015.“一带一路”背景下的环境冲突与矛盾化解[J].现代经济探讨(5):30-34.

翟崑,2015.“一带一路”建设的战略思考[J].国际观察(04):49-60.

张勇,2014.略论21世纪海上丝绸之路的国家发展战略意义[J].中国海洋大学学报(社会科学版)(5):13-18.

郑言实,2018.扬帆远航 奋力开启建设交通强国新征程[J].中国公路(01):28.

郑志来,2015.东西部省份“一带一路”发展战略与协同路径研究[J].当代经济管理,37(7):44-48.

中国驻塔吉克斯坦大使馆经济商务参赞处,2014.对外投资合作国别(地区)指南——塔吉克斯坦[M].北京:商务出版社:2-4.

朱时雨,王玉,2015.21世纪海上丝绸之路航道安全探析[J].交通运输研究,1(2):8-13.

祝捷,杨莉,朱虹,2015.“海上丝绸之路”沿线国家物流资源整合规划研究[J].绍兴文理学院学报,35(8):28-31.

Du Qiongwei, Lin Shaohua, Wang Feng, 2013. To establish CMOC China as an important component of marine data and service international cooperation in China[J]. Marine Science Bulletin, 15(1):91-96.

附:气象“一带一路”发展规划(2017—2025年)*

前 言

气象事业是服务和保障国家经济建设、国防建设、社会发展和人民生活的科技型基础性公益事业,在我国经济社会发展中的地位和作用日益重要。为贯彻落实《推动共建丝绸之路经济带和21世纪海上丝绸之路的愿景与行动》(以下简称《愿景与行动》),加强与“一带一路”沿线国家在气象领域的交流与合作,充分发挥气象在推进“一带一路”建设中的重要支撑保障作用,中国气象局编制了《气象“一带一路”发展规划(2017—2025年)》(以下简称《规划》)。

《规划》立足于气象部门,面向气象行业,在充分吸收《愿景与行动》“政策沟通、设施联通、贸易畅通、资金融通、民心相通”发展思路的基础上,结合气象特点提出了气象事业在“一带一路”建设中的指导思想、基本原则、发展目标和重要任务,是气象“一带一路”发展的行动纲领和重要依据。

(一)“一带一路”建设是我国与沿线国家共享发展机遇的倡议和行动

进入21世纪以来,面对复苏乏力的全球经济形势,纷繁复杂的国际和地区局面,传承和弘扬“和平合作、开放包容、互学互鉴、互利共赢”的丝绸之路精神,积极发展与“一带一路”沿线国家的经济合作伙伴关系,共同打造政治互信、经济融合、文化包容的利益共同体、命运共同体和责任共同体,是我国新一轮对外开放的战略重点,为沿线各国共享开放、共享市场和共同发展带来前所未有的新机遇和新动力。

推进“一带一路”建设既是中国扩大和深化对外开放的需要,也是加强和亚欧非及世界各国互利合作的需要,中国将在力所能及的范围内承担更多的责任和义务,为人类和平发展做出更大的贡献。当前,已有65个国家和经济体积极参与,成为“一带一路”建设的支持者、建设者和受益者。同时,国家相关部委、地方政府、企事业单位以及民间组织等也都在积极行动,为“一带一路”建设贡献力量。

---

* 中国气象局编制。

（二）我国气象服务有责任为“一带一路”建设提供有力的支撑和保障

目前，“一带一路”沿线国家均设有气象机构，但气象业务能力以及服务内容和水平差异较大。其中一些东南亚、南亚和中亚国家的气象业务服务水平还比较低，特别是我国周边国家气象资料获取手段仍较为落后，自动观测设施和现代化探测手段缺乏，针对专业用户的预报能力不足，气象服务能力和手段难以满足防灾减灾、应急管理和应对区域气候变化的需求。比较而言，我国气象服务整体水平具有较明显的特色和优势，尤其在公共基础支撑、公众气象服务、决策气象服务、专业气象服务及气象装备等方面具有很大潜力，完全具备共建共享能力。

大气无国界，我国在世界气象大家庭中始终发挥着重要作用。积极做好“一带一路”气象服务，关键是利用好自身优势，了解真实需求，从而把握住真正的机会。建立“一带一路”气象安全保障线，提升我国和沿线国家综合防灾减灾、生态文明保障、应对气候变化等能力，服务于我国在沿线国家实施的重大工程项目，是“一带一路”倡议的基本需求。良好的气象服务不仅可以为沿线国家造福，也可以为我国企业在海外发展提供决策参考、运行管理建议和风险管控依据，同时，也顺应仙台防灾计划、巴黎协定、2030 可持续发展议程以及全球气候服务框架等国际计划的要求，为我国参与全球治理带来更多空间。因此，为“一带一路”建设提供气象服务和保障既是国家战略需求，也是担当大国责任，彰显我国实力的重要体现。

（三）“一带一路”建设为我国气象服务能力提升带来了新挑战和新机遇

“一带一路”建设围绕“政策沟通、设施联通、贸易畅通、资金融通、民心相通”，推动和影响沿线国家或区域公路、铁路、航空、航海、农业、气象、旅游、能源、水文、生态等行业的深度融合和发展。“一带一路”建设涉及区域广，沿线地区具有气候类型多样、自然条件较差、气象灾害种类多、影响重等特点，将直接影响“一带一路”倡议相关项目和工程的顺利实施，这也给气象保障与服务带来了新挑战和新机遇。其中沿线地区面临气候变化及气象灾害的严峻威胁，对气象综合防灾减灾提出新任务；各类综合交通和能源战略通道等重点工程的建设对气候可行性论证和气象灾害风险评估提出了新要求；交通运输和物流发展、历史文化、生态旅游区等，对气象监测预报预警等公共服务信息提出更加精准的服务需求；生态气象监测与评估、应对气候变化对策制定、风能、太阳能、水能等气候资源和清洁能源的开发利用以及运行保障等均离不开气象服务的支撑。

气象部门积极参与“一带一路”建设，一方面可以利用自身优势为域内经济发展提供防灾减灾保障，另一方面可借助域内气象服务需求推动我国气象服务的国际化发展。同时，我国气象产业可以通过“一带一路”倡议，实现与国际需求的对接，进而融入国际市场，接受国际评判检验，提高国际化水平。

二、总体要求

(一)指导思想

认真贯彻落实党的十九大精神，深入贯彻落实习近平新时代中国特色社会主义思想，按照《愿景与行动》的总体部署，坚持共商、共建、共享理念，遵循气象发展规律，充分利用国内国际两种资源、两个市场和不同规则，立足“一带一路”沿线各国不同发展现状，丰富对外合作内涵，提高对外合作水平，与“一带一路”沿线各国共同加强气象防灾减灾和公共气象服务能力，提升气象预报预测预警水平，健全完善综合气象观测体系，提高应对气候变化和开发利用气候资源能力，促进气象信息资源的共享，实现我国气象与“一带一路”沿线各国融合发展，为“一带一路”建设服务，为人类福祉和生命财产安全服务。

(二)基本原则

依托优势，服务国家大局。充分发挥气象观测、预报预测、防灾减灾、应对气候变化、开发利用气候资源等优势，按照国际规则和标准，服从和服务于建设现代经济体系和国家全方位对外开放的整体部署，推动气象与“一带一路”沿线各国深度融合。

开放包容，共商共建共享。充分尊重“一带一路”沿线国家发展需求，加强与沿线国家的气象业务科研合作，不断拓展合作的广度和深度，共同推进气象基础设施、信息资源、科技成果、服务技术的共商、共建、共享和互联互通，发挥优势，形成合力，让共建成果惠及更广泛的区域，实现双赢和多赢，促进共同发展。

突出重点，稳步推进实施。按照“政策沟通、设施联通、贸易畅通、资金融通、民心相通”的要求，深化我国气象与“一带一路”沿线国家和地区的合作，看准选好优先合作领域，科学合理确定合作项目，突出气象特色，突出气象科技人文特点，量力而行，循序渐进，有效服务。

统筹协调，多方衔接联动。坚持政府引导，积极统筹国家、地方、社会和市场的力量，注重与已批准实施的经济社会发展相关规划相衔接，促进“一带一路”沿线国家气象合作协调顺畅，促进硬件建设和软实力同步发展，促进业务能力和服务能力均衡提升，促进气象人力资源有效配置。

(三)发展目标

根据“一带一路”建设布局，陆上以沿线中心城市为支撑，为重点经贸产业园区提供气象服务，与沿线国家就新亚欧大陆桥、中蒙俄、中国—中亚—西亚、中国—中南半岛等国际经济合作走廊共同提供气象保障。海上以重点港口为节点，气象保障通畅、安全、高效的运输大通道。大力提升中巴、孟中印缅两个经济走廊气象防灾减灾与公共服务的力度，提供优质气象保障。

南线要以海上安全为重点，加强南海台风监测预警中心建设，建立南海台风监测预警服务中英文网站，加强与东南亚国家在极端天气联合监测预警合作及海洋气象联合观测，协同开展全球海洋气象导航服务，为“一带一路”沿线的航线、重要港口提供跟踪式天气服务。北线和中线要以防灾减灾为重点，重点加强与中亚地区及南亚部分国家的气象灾害防御能力和应对气候变化能力合作，强化资料共享，建立多灾种、标准化、一体化的气象灾害风险预警业务，建立“一带一路”沿线一体化的气象信息全媒体(电视、网站、广播、自媒体、手机客户端)发布体系。

中国气象局统筹推进与“一带一路”沿线国家和地区在气象防灾减灾、公共气象服务、气象教育培训等方面的合作，积极参与制订气象服务标准、研发气象服务技术、创建气象服务品牌、建立气象服务机制。省级气象部门重点发挥服务管理职能和辐射作用，推进与相关地区气象服务合作的实施，力所能及地参与全球气象服务基础设施建设和专业气象服务。其中，广东省、广西壮族自治区、云南省、海南省气象部门推进与东盟国家在区域内气象观测、气象灾害联防、灾害风险管理、季节气候预测和气候服务、航空气象服务、气象仪器标定、气象培训教育等方面的合作，并继续组织中国—东盟气象合作论坛；新疆维吾尔自治区、西藏自治区推进与中亚国家在气象防灾减灾、气候变化研究、气象教育培训等方面的合作，建立完善中亚区域气象科技合作联席会议机制。

到 2025 年，面向“一带一路”建设的综合气象观测体系基本完善，卫星技术得到广泛应用，沿线重点区域气象观测站网基本建成。风云极轨和静止卫星协同观测为主、重点地空站网综合观测为辅的运行模式初步实现，基本满足“一带一路”区域内的交通运输、能源和电信设施、重要经济活动和发展决策支撑服务需求。以国家级为主体、以“一带一路”为重点的全球天气气候一体化预报业务基本建成；适应需求、运行有效的全球气象服务机制基本建立；“一带一路”气象服务保障体系更加完善；国际、区域、双边互补的“一带一路”气象保障合作平台基本建立，气象“一带一路”合作新格局基本形成，国内政策支撑体系和国际协调机制逐步完善。“一带一路”气象服务能力、“一带一路”气象科研和人才支撑能力以及我国与沿线国家气象合作水平明显提升。

三、主要任务

(一)加强政策沟通和衔接，完善政府间交流合作机制

1. 健全“一带一路”防灾减灾合作机制

以提升气象防灾减灾能力为目标，探索协同建立“一带一路”沿线国家气象防灾

减灾协同保障机制，重点在信息传播、防灾减灾决策、灾害应对动员、灾害风险管理等方面建立交流合作机制，建立常态化的气象服务沟通协调渠道，统一防灾减灾气象服务的标准，实现防灾减灾抗灾的融合。建立国内“一带一路”气象灾害防御协调机制，完善气象灾害多国别、跨区域应急联动机制，完善常态化多国别或区域联席会议和联络员会议制度。进一步规范和引导社会团体、企事业单位以及志愿者等各种社会力量参与气象等灾害应急救援工作，全面提高气象灾害协同应对能力。

2. 推动完善新型气象国际合作平台建设

借助国际平台，以国家推进“一带一路”多边合作项目及亚投行基础设施项目为契机，发挥我国作为世界气象组织（以下简称 WMO）世界气象中心现有多边合作机制的作用，探索“一带一路”气象服务多边合作平台建设。以此为基础，逐步建立完善与“一带一路”沿线国家双边联合工作机制，协调推动合作项目实施，有针对性地加强与沿线重点国家项目合作机制研究，建设一批双边合作气象服务示范项目。

3. 完善“一带一路”气象人才交流培训机制

通过多国别考察、国际培训班、长期奖学金、双边交流等方式，重点加强与“一带一路”沿线国家气象行业各层次人员的有关合作和业务技术交流。加强对“一带一路”沿线国家气象人才培养，继续资助相关国家气象科研人员来华研修培训。在 WMO 区域培训中心，成立专门针对“一带一路”沿线国家的培训机构。系统安排和组织“一带一路”沿线国家区域的气象科技研讨会、气象合作论坛等，为我国气象科技人员搭建更多国际合作与交流舞台，提高我国气象科技的国际影响力，提高沿线国家区域气象科技水平。

专栏 1　政府间交流合作机制
双边合作气象服务示范项目 落实气象双边合作协议，有针对性地加强与“一带一路”沿线重点国家国际项目合作机制研究，加强政策沟通，筹备多领域的试点项目，发挥示范效应，为中国气象服务“走出去”营造良好政策环境，提升我国境外气象业务服务能力。
“一带一路”建设气象保障开放合作平台 以国家推进“一带一路”多边合作项目及亚投行基础设施项目为契机，充分发挥我国作为 WMO 世界气象中心现有多边合作机制作用，加强组织与“一带一路”沿线国家和地区（包括各国气象水文部门）的气象国际、区域、双边及多边合作国际平台（论坛）的建设。深化与港澳台气象合作，建设粤港澳大湾区气象深度合作示范区。

“一带一路”国家气象人才培养技术支撑

发挥 WMO 区域培训中心作用，继续资助相关国家气象科研人员来华研修培训。通过多国别考察、国际培训班、长期奖学金、双边交流等方式，重点加强与“一带一路”沿线国家气象部门各层次人员的管理和业务技术交流。

(二)促进资源共享互通，拓展气象站网、技术和数据优势

1. 加强气象监测网络建设

面向“一带一路”沿线国家和地区预报和服务需求，增加卫星观测能力，优化调整卫星观测布局，为“一带一路”沿线国家和地区预报和服务提供观测数据保障。建立以卫星遥感为核心的天空地一体化的气象综合观测网，天基观测主要通过风云气象卫星联合太阳同步轨道气象卫星及国外卫星共同工作，实现对欧洲西部全圆盘覆盖，基本覆盖“一带一路”沿线国家和地区；同时，建立“一带一路”气象小卫星星座，重点扩展中亚和印度洋区域的卫星观测能力。空基观测主要结合 WMO 国际交换探空站，升级和新建空基气象综合观测系统，实现对海上丝绸之路重要港口和航道及一带一路重点区域高空间分辨率、高时间分辨率和高辐射精度的观测。地基观测主要建立新一代天气雷达观测网，主要涉及蒙古—中亚地区、东南亚地区以及“海上丝绸之路”沿线覆盖区域，重点是蒙古高压、西南季风和南海季风的影响区域。观测站网建设以遥感产品验证(订正)和局地气象预报服务为目的，重点加大与铁路、航道、电力、电信基础设施建设运维保障配套的专业气象观测网络建设力度，完善观测资料综合应用体系建设。

2. 加强与沿线国家气象数据共享

增强北京全球信息系统中心、国际通信网络系统和中国气象局卫星气象数据广播系统能力，进一步加强针对“一带一路”沿线国家的气象数据收集与共享服务，支持“一带一路”沿线国家便捷获取气象观测数据和数值模式、精细化预报等产品，并提高天气系统上下游国家之间气象监测信息共享的时效性。建立健全与“一带一路”沿线国家交通气象要素地空监测信息交换机制，构建气象观测资料收集汇交网络，扩大国与国之间的资料共享交换范围和频次，实现以基本气象观测资料为主，逐步扩展到公路、铁路、水路沿线等专业气象观测资料共享。加强覆盖“一带一路”沿线的数据质量控制、加工处理及产品研发，形成针对性强、时效性高、质量稳定可靠的数据产品，并提供应用服务。实现遥感数据在“一带一路”沿线各国的接收、存储、预处理及应用，并依托“一带一路”中国卫星遥感应用中心与国际遥感应用示范中心联合开展应用研究，共享技术成果。

3. 推动“一带一路”气象标准化建设

针对“一带一路”沿线各国的气象服务需求重点，努力推动气象标准化建设，进一步强化气象标准与气象相关合作政策、规则的有机衔接，以气象标准“软联通”打造气象合作“硬机制”。在沿线国家气象工程项目设计、研发以及技术、装备的援助、采购等环节全面应用气象标准，以标准“走出去”推动我国优势气象装备、技术和服务“走出去”。积极牵头采用或制定国际标准，以标准巩固技术和产品优势。积极探索与“一带一路”沿线国家气象标准的互换互认，深入开展标准比对分析，提升沿线各国气象标准的兼容性。在“一带一路”沿线共同推进雷电、暴雨、台风、干旱等主要气象灾害致灾标准和致灾临界阈值的确定。从组织机构、保障方案、服务系统和业务流程等方面，建立和完善大型社会活动气象服务保障相关标准规范。整合气象标准信息资源，搭建多元标准信息服务平台，面向气象服务企业开展“一带一路”气象标准信息服务。

专栏 2　气象信息与资源共享
区域合作建设气象观测站 根据“一带一路”沿线国家观测系统基础较薄弱，自动化程度较低等特点，通过设备或技术援助，优化“一带一路”沿线国家和地区观测站点建设，提高观测自动化水平，提升资料传输水平，提升对极端天气、气候事件的业务监测能力，并实现资料共享。如优选部分国家援助建设探空示范站，增强我国天气上游区实时资料共享能力。
遥感监测和卫星资料应用项目 国内建立“一带一路”卫星遥感应用中心，逐步发射“一带一路”气象小卫星星座，优化在轨气象卫星观测资源。支持、培育“一带一路”沿线国家和地区的卫星遥感应用能力建设，建立“一带一路”气象卫星国际遥感应用示范中心。以风云气象卫星监测预警产品应用为主，为“一带一路”沿线等国家提供SWAP和SMART系统，并提供技术培训，加强对该区域风云气象卫星监测预警产品服务能力。

(三)适应沿线国家民生和社会需求，强化面向全球的气象服务

1. 提升气象灾害防御能力

推进“一带一路”沿线多灾种、标准化、一体化的气象灾害风险预警业务。加强气象灾害联防和灾害风险管理领域合作，与“一带一路”沿线部分国家探索建立基于互联网的灾害性天气讨论和信息通报互动平台，实时开展有关台风、暴雨、冷空气、干旱和其他极端天气事件的灾害性天气会商。开展气象灾害风险普查、区划、评估预警以

及转移等灾害风险管理以及业务预警技术与平台研发等方面的合作与交流。加强对“一带一路”沿线国家的遥感监测和卫星资料应用，在沿线国家全面推广应用我国风云系列卫星资料，为该区域天气预报及防灾减灾提供依据。完善“一带一路”气象预警信息发布网络，实现对中亚和南亚重点城市气象服务信息的全覆盖。

2. 发展面向国际用户的气象服务业务

在“一带一路”沿线国家重要城市、港口以及重要节点开展定点、定时、定量的预报服务和基于位置和需求的气象服务。气象服务内容上将不仅服务于第一、第二产业，而是要进一步向第三产业拓展，其中强化面向国际用户的公众气象服务和旅游气象服务。重点围绕“一带一路”沿线国家的生态旅游、历史文化旅游服务需求，完善旅游气象观测网络，探索与周边国家联合发布相关旅游景点的旅游气象信息，实现区域内重点旅游城市和4A级以上景区全覆盖。加强与“一带一路”沿线国家的航空气象服务合作，重点为亚洲航空气象中心建设提供技术和平台支持，研发以卫星资料为基础的危险天气识别产品和基于多源资料的强对流监测分析预报产品，提升立体交通物流大通道气象保障能力。推动中国天气网、中国天气通和中国气象频道品牌化和国际化发展，联合“一带一路”沿线国家研发多语种气象服务影视节目，建立覆盖沿线重要地区的多语种精细化气象服务网站。

加强“一带一路”沿线地区交通气象服务、能源电力气象服务、电信设施气象服务以及面向区域的基础设施规划气象服务、城市发展规划气象服务。包括面向区域发展规划和重大工程建设的气候和气候变化服务（气候可行性论证服务），也包括面向工程运营、航线运行安全、管道运输安全的全天候、精细化的气象预报预警服务。

3. 加强应对气候变化和服务生态文明保障

进一步丰富应对气候变化领域的合作活动和形式。联合“一带一路”沿线国家积极参加应对气候变化的国际合作和气候变化国际制度建设，积极参与全球气候变化对“一带一路”建设的影响评估；加强气候变化风险评估和适应战略研究，积极开展气候变化对跨界河流影响评估、中亚干旱区气候变化合作，协助区域内国家完成公约机制下的国家适应战略编制等；同时，开展气候变化背景下的重大工程和重大区域性经济开发、安全运行等气候承载力评估和可行性论证工作。

强化生态文明建设、气候资源开发利用、气候安全保障等“趋利避害、减灾增收”气象服务技术的研发与应用，切实推动与中亚地区、蒙古国在沙尘暴监测预防、尘源地生态治理、荒漠化监测和防治，与俄罗斯在森林、湿地、草原保护，以及界河的生态环境保护等方面的国际合作。完善国内常规人影作业联防机制，加强“一带一路”沿线区域协调。开展“一带一路”沿线能源气象服务，重点协助“一带一路”相关国家开展风能、太阳能普查，摸清当地风能、太阳能等气象能源分布状况及变化特征，建立气象能源数据库。

专栏3　气象全球服务
区域联合气象灾害预警中心 根据相关区域的灾害防御重点需求，建立防灾减灾监测、预报预警、服务等综合技术推广示范基地；提高我国面向“一带一路”沿线区域各类产业投资、能源合作等部门和企业在建设、运行中抵御自然灾害风险的能力。
区域天气气候联合中心 加强多种观测资料在“一带一路”地区强对流、暴雨（雪）等灾害性天气预报中的应用，建立灾害性天气预警指标；研究区域极端天气气候事件时空分布规律和预报预测技术；开展“一带一路”沿线区域未来气候变化预估的合作研究等。
“一带一路”气象服务云平台 建立覆盖“一带一路”沿线国家的精细化预报服务业务，建设完善“一带一路”气象服务信息共享平台，完善面向“一带一路”沿线、一体化的气象信息全媒体（电视、网站、广播、手机客户端）开放式接口，实现“一带一路”重要城市、港口以及重要节点的定点、定时、定量预报预警服务和基于位置的服务。
全球气象预警信息共享和服务 借助WMO合作机制，推动和参与全球气象预警系统（GMAS）建设，搭建全球气象预警信息共享平台，以服务“一带一路”为试点，开展一带一路沿线国家气象预警制作和服务，提升公众和行业用户应对全球气象灾害的能力。

（四）推动科技联合业务融通，提升气象核心能力

1. 共同实现气象核心业务技术新突破

加强与“一带一路”沿线国家气象机构的联系与合作。联合推进全球/区域数值预报模式的研发和应用。协同完善全球化、一体化现代天气气候业务，共同推进现代天气气候业务向无缝隙、精准化、智慧型方向发展。联合发展精细化气象服务技术，共同研发精细化的多种类数值模式产品的解释应用等核心技术，建立一体化的专业气象服务指标、模型、典型案例和相关技术方法等的知识库，实现专业气象服务的互动性、融合式和可持续发展。联合发展先进高效的综合气象观测系统，构建“一带一路”沿线国家统筹气象观测、天地空一体、实现“一网多用”的综合气象观测网，对中亚地区及南亚部分地区开展气象观测能力示范建设，提升“一带一路”沿线重点地区资料的共享能力。

2. 强化对沿线国家的气候预测与评估能力

共商共建基于日尺度资料的全球气候系统监测业务，加强相关科研合作，共享科研成果。开展对“一带一路”地区气候异常的分析研究，重点发展大气环流演变关键指数、主要影响因子、季风等主要气候现象的监测诊断技术和影响评估。发展气候异常动力分析、极端气候事件与气候灾害预测技术，提高延伸期时段内强降水、寒潮、大风、台风等重大天气气候过程转折期的预测能力。研究建立适用于“一带一路”沿线国家或区域的多模式集合预测系统，研发多模式集成客观预测与降尺度解释应用技术，开展区域内主要气候要素、全球极端气候事件和气候现象的实时预测，开发延伸期一月一季一年的集合预报、概率预报产品，提升对“一带一路”沿线各国的短期气候预测服务能力。

3. 提升海洋气象服务与保障能力

围绕开辟海上丝绸之路带来的与沿线国家开展海上物流信息化合作的机遇以及远洋运输安全保障和海洋生产需求，开展海上大风、大雾、台风等海洋气象灾害资料收集，建立专业化的海洋气象灾害监测预警指标体系和海洋经济气象服务指标体系；发展海上大风、海温、能见度、大雾、降水等海况预报和海洋污染扩散预报技术；开展海上船舶导航及航行风险预报相关技术研发，形成满足远洋气象导航需求的预报产品；合理利用船载气象观测设备收集航路沿线气象数据，提高海上气象监测和研究能力；深化与海事、港口、引航、渔业等部门以及相关国家的涉海监测信息共享，推动形成海洋气象灾害应急联动服务体系。

强化全球海洋气象服务发布能力，完善海洋气象广播电台布局，建设南海台风监测预警中心，建设完善南海台风监测预警服务中英文网站。建设以海洋气象广播系统和北斗卫星预警发布系统为核心，结合电视、网络、手机等多种手段的海洋信息发布网络，实现对“一带一路”海洋信息的全覆盖。

专栏 4　气象核心业务技术
全球智能网格预报业务 分析全球主要业务模式的预报性能，在资料收集处理的基础上针对不同区域采取模式偏差订正、多模式动态集成、统计释用等方法研究等预报技术，开展从分钟到年的无缝隙“一带一路”全球智能网格气象预报业务。
“一带一路”气象探测协调中心 在 WMO 的框架下，完善 WMO 亚洲区域气象仪器中心（RIC-Beijing）职能，新增“一带一路”气象探测协调中心作用，依托探测中心综合保障基地，统筹对合作国家观测设备建设的指导，实现合作区域设备集中运行监控，提高面向“全球监测”的气象观测技术支撑能力。

南海台风监测预警中心

加强针对南海区域台风预报预警核心技术研发等工作，着力提升南海台风预报预警水平，提高台风路径、强度预报准确率和风雨预报准确率等。针对中南半岛及北印度洋沿岸等“一带一路”域内国家，开发智能网格预报等更具针对性和实用性的业务指导产品，提升对该区域业务指导能力。

（五）助力贸易畅通，推动气象产业国际化发展

1．助力中国企业“走出去”战略

气象服务坚持“引进来”和“走出去”并重，主动对接我国企业“走出去”战略，建立“伴随式”气象服务理念，为我国企业“走出去”和“一带一路”通路、通航、通商安全以及沿线国家和地区提供全方位、优质气象保障服务。在推动相关企业“走出去”的过程中，制定科学的防灾减灾应急预案，为我国“一带一路”重点产业发展保驾护航。同时，加强气象与我国已“走出去”企业的合作，并鼓励和支持我国气象企业与“一带一路”沿线国家的企业合作，为跨境的国内外企业提供针对性专业气象服务。

2．强化国产气象产品技术共享

重点依托我国气象基础业务，通过气象装备、技术、服务能力输出以及主动参与服务市场竞争等方式，推动我国气象产业国际化发展。重点推动我国综合气象观测装备、人工影响天气装备、天气预报装备、气象应急保障装备等的共建；推动我国成熟的气象观测技术、气象数据传输技术、高分辨率区域数值预报技术、全球/区域数值天气预报技术和环境气象数值预报技术等的共享；借助我国气象部门与“一带一路”沿线国家气象部门的良好合作关系，加强对我国气象服务能力和影响力的宣传。

3．推动气象服务市场化发展

进一步修改完善规范涉外气象活动的相关法律法规和部门规章，适应“一带一路”沿线国家气象服务市场发展的需求。针对适合市场化方式提供的气象保障服务，探索政府、行业购买服务。通过政府引导，整合社会资源和民营资本，做好信息传递、平台建设、政策保障等支持，以市场化方式促进与沿线国家政府或企业合作。以“贸易畅通”为契机，重点增加农林牧渔业、农产品生产加工、海水养殖、远洋渔业、环保产业、海上旅游等与天气、气候密切相关的气象服务产品种类，并提高气象服务的精细化、准确度。积极拓展工农业生产安全、仓储物流及电力交易等方面的气象服务市场。

专栏 5　气象产业国际化
“一带一路”气象援助项目 通过技术、设备援助，强化我国气象技术标准向“一带一路”沿线国家的引领和我国优势气象技术的辐射。援助“一带一路”部分地区建设探空示范站，提升我国资料上游区及丝绸之路经济带沿线重点地区资料共享能力。援助“一带一路”部分地区重点城市建设电视演播室，联合研发“一带一路”多语种气象服务影视节目，实现对相关地区气象服务信息的全覆盖。

四、保障措施

(一)强化组织领导

为保证《规划》顺利实施，建立统筹规划、部门联动、统一指挥、属地管理相结合的协同机制。成立“一带一路”气象保障领导小组，负责“一带一路”气象保障的总体项目建设指导和督查工作。领导小组定期、不定期组织召开“一带一路”气象保障工作相关会议，商讨重大决策方针，推进各项任务全面落实。职能部门要各司其职，各尽其责，加强协调配合，推动实施《中国气象局关于落实“一带一路”建设三年(2016—2018 年)滚动实施方案重点任务的方案》，制定和实施《面向“一带一路”沿线国家和地区的气象观测站网布局方案》《面向“一带一路”沿线国家和地区的气象预报业务布局方案》《面向“一带一路”沿线国家和地区的气象服务保障布局方案》，确保规划落到实处；国家级业务单位加强对相关业务建设的指导；各地方要结合当地实际，积极开展特色鲜明的气象保障业务。

(二)拓宽人才渠道

人力资源是第一资源，打通人才流动和使用的体制机制障碍，促进人才往来便利化。加强科技研发、业务一线和基层人才队伍建设，加大高层次领军人才和中青年骨干人才培养和引进力度，提高引才引智效果。开展全方位、多层次的气象教育培训。推进干部分院、省级培训机构人才培养基地建设，有针对性地开展“一带一路”气象保障培训工作，提升气象保障人员队伍的整体素质和能力。切实把创新作为引领发展的第一动力，打造有利于气象科技人才施展才能的舞台。积极发挥科技杰出人才领军作用，针对“一带一路”科技创新合作重点方向开展调查研究，定期发布科技创新合作研究报告或成果。

(三)健全投入机制

加大国家和地方的公共财政投入,建立健全以公共财政为主、稳定增长的"一带一路"气象保障服务多元化投入机制,加大对业务技术和业务建设的投入力度。积极拓展多元投资体系,鼓励吸引社会资金参与建设。对适合市场化方式提供的气象保障服务,探索政府、行业购买服务。

(四)扩大交流融合

围绕"一带一路"倡议布局,充分尊重沿线国家发展需求,主动对接沿线国家发展规划,建立与当地政府和气象、发改、国土、交通、旅游、环保等相关部门间协调互动机制,争取其对气象服务保障工作的支持,并就《规划》任务的落实进行定期交流沟通,协作配合,实现"一带一路"气象服务保障工作全面、及时、有效。就人才培养、科技研发等方面,加强与高校、科研机构和企业的合作交流,共享气象观测数据和气象科技成果。

(五)加强监督管理

制定相应配套管理措施,建立《规划》实施的咨询和论证机制,规范重大项目建设程序,提高决策的科学化和民主化水平;加强跟踪评估,适时调整规划,完善政策;强化监督管理,及时解决问题;建立健全《规划》实施全过程考核和评价制度。